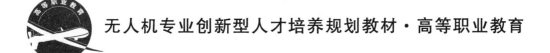

无人机飞行原理与气象环境

（第 2 版）

远洋航空教材编写委员会　组编
康保县职教中心　编

北京航空航天大学出版社

内 容 简 介

全书共 6 章，主要围绕无人机飞行原理和大气环境阐述相关知识，包括无人机与大气环境、固定翼无人机飞行原理、固定翼无人机的飞行性能、旋翼无人机飞行原理、旋翼无人机的飞行性能、特殊飞行。本书作者力求提高学生的无人机专业知识水平，使学生充分了解无人机的飞行原理，达到优化学生知识、能力和素养的目的。

本书适用于高等职业院校和部分中等职业院校无人机应用技术及相关专业的学生，也可作为无人机从业者和教育培训机构的参考用书。

图书在版编目（CIP）数据

无人机飞行原理与气象环境 / 远洋航空教材编写委员会组编；康保县职教中心编. -- 2 版. -- 北京：北京航空航天大学出版社，2025. 1. -- ISBN 978 - 7 - 5124 - 4547 - 5

Ⅰ. V279；X16

中国国家版本馆 CIP 数据核字第 20250TW069 号

无人机飞行原理与气象环境（第 2 版）
远洋航空教材编写委员会　组编
康保县职教中心　编
策划编辑　周世婷　　责任编辑　周世婷
＊
北京航空航天大学出版社出版发行
北京市海淀区学院路 37 号（邮编 100191）　http://www.buaapress.com.cn
发行部电话：(010)82317024　传真：(010)82328026
读者信箱：goodtextbook@126.com　邮购电话：(010)82316936
涿州市新华印刷有限公司印装　各地书店经销
＊
开本：787×1 092　1/16　印张：7.75　字数：198 千字
2025 年 2 月第 2 版　2025 年 2 月第 1 次印刷　印数：2 000 册
ISBN 978 - 7 - 5124 - 4547 - 5　定价：29.00 元

前　言

随着时代的发展，无人机因其具有便携、效率高等优点率先应用于军事领域，同时也在民用领域，比如航拍、电力巡线、应急救援、物流快递和航空测绘等领域大放异彩。无人机行业前景广阔，编写本书正是为了提高读者的无人机知识水平，让读者能够掌握各类无人机的飞行性能。

本书遵循以实用为主、够用为度、循序渐进的教学规律，系统地介绍了无人机飞行原理与气象环境相关知识。全书共6章。第1章主要讲述了无人机与大气的相关知识；第2章主要讲述了固定翼无人机的飞行原理；第3章主要讲述了固定翼无人机的飞行性能；第4章主要讲述了旋翼无人机的飞行原理；第5章主要讲述了旋翼无人机的飞行性能；第6章主要讲述了无人机的特殊飞行。此外，本书提供了一些立体化教学素材，主要通过二维码的形式展现，其中部分素材引用于网络，并标有来源，若有漏标之处，请与远洋航空教材编审委员会联系（电子邮箱：yyhkjcbxwyh@163.com）。

本书由远洋航空教材编审委员会和康保县职教中心编写委员会共同编写，为校企合作研究成果。编写分工如下：第1章、第2章由吕晓博编写；第3章由陈巧云编写；第4章由杨瑞瑶编写；第5章由李海庆、解永辉编写；第6章由高铁柱编写。感谢远洋航空为了推动中国民用无人机产业、教育、服务的快速发展，精心组织编写委员会成员参与本书的编写工作；感谢各位编审委员会委员和专家百忙之中抽出时间，为本书提出指导意见和提供相关素材；感谢在编写过程中给予帮助的所有朋友。

在编写过程中，我们参阅、借鉴了大量的国内外资料、网络资源等，如有引用不当之处敬请谅解。由于写作水平与时间有限，书中如有不足之处，恳请广大读者批评指正。

编　者
2024 年 6 月

目　　录

第1章　无人机与大气环境

我们知道飞行器在大气层中依靠自身结构与空气相对运动产生空气动力升空飞行,要想了解无人机在大气层中运行的规律,就必须要先了解与机体结构和大气环境相关的基本知识,以及自然环境对无人机飞行有哪些影响。本章主要介绍无人机结构基础、大气飞行环境基本知识以及大气环境对无人机飞行的影响等内容。

1.1　无人机结构基础

自古以来人类对天空抱有无限向往,因此对飞行活动的探索持续了数个世纪之久。早期飞行活动,主要是以浮空器和滑翔机的形式进行的,直到20世纪初期,莱特兄弟在美国北卡罗来纳州,才实现了人类历史上第一次带动力的、持续的、可控的飞行。这奠定了空气动力学飞行的基础。本节主要介绍以空气动力学为基础的不同飞行平台的结构。

在飞行器大类中,无人机的出现既包含有人机已有的成熟飞行平台,比如固定翼飞机、直升机,同时又包含一些有人机中不常出现的飞行平台,比如多旋翼飞行器、复合翼飞行器、柔性飞行器。这些机型在无人机的飞行平台上具有较为成熟的应用。下面就以在无人机中常用到的飞行平台为例,介绍其结构组成及功能。

1.1.1　固定翼无人机气动结构基础

自从世界上出现固定翼飞机以来,其结构形式在不断改进,结构类型也不断增多,除了少数特殊结构以外,大多数固定翼飞机都由五部分组成,即机翼、机身、尾翼、动力结构和起落装置。固定翼无人机的结构与固定翼飞机结构十分近似,或者可以说是等比例缩放。所以研究固定翼无人机结构,同样按照这五部分进行介绍,分析各部分的结构及其功能。

虽然固定翼无人机的形状、大小各不相同,但基本都由机翼、机身、尾翼、起落装置、动力装置,以及保证飞行的工作系统和机载设备等部分组成,如图1-1所示。

1. 机　身

机身的主要作用是连接固定机翼、尾翼、起落架、动力装置等部件,使之连成一个整体。固定翼无人机机身一般分为设备舱、任务载荷舱及货舱等。固定翼无人机机身结构是由沿机身纵向元件(长桁和桁梁)垂直于机身纵轴的横向元件(隔框以及蒙皮)组合而成的。长桁作为机身结构的纵向元件,在桁条式机身中主要用来承受机身弯曲引起的轴向力,并且长桁对蒙皮有支撑作用。桁梁的作用与长桁相似,只是截面积比长桁大。作为横向元件的隔框,分为普通框和加强框。普通框主要用于维持机身的截面形状,承受蒙皮的局部载荷。

机身按照不同的结构,可分为构架式、硬壳式和半硬壳式三种。

(1) 构架式机身

构架式机身主要应用于早期的小型、低速无人机。机身由承力构架、隔框、桁条和布质蒙皮(或木制蒙皮)组成(见图1-2)。这些构件只承受局部空气动力,不参与整个结构的受力。

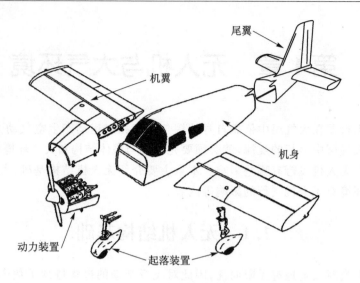

图 1-1 无人机的基本组成

机身的剪力、弯矩和扭矩全部由构架承受。构架式机身的抗扭刚度差,空气动力性能不好,其内部容积也不易得到充分利用。

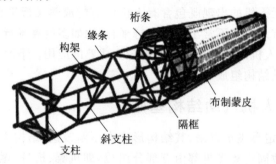

图 1-2 机身的基本组成

(2) 硬壳式机身

硬壳式机身结构是由蒙皮与少数隔框组成的。其特点是没有纵向构件,蒙皮较厚,由蒙皮承受机身总体弯、剪、扭引起的全部轴向力和剪力。普通框和加强框用于维持机身截面形状,支撑蒙皮和承受、扩散框平面内的集中力,如图 1-3 所示。

这种机身的优点是结构简单,气动外形光滑,内部空间可全部利用。但因为机身的相对载荷较小,而且机身不可避免地要大开口,会使蒙皮材料利用率不高。因此这种形式的机身实际上用得很少,只在机身结构中某些气动载荷较大、要求蒙皮局部刚度较大的部位,如机身头部、机头罩、尾锥等处有采用。

(3) 半硬壳式机身

半硬壳式机身是将蒙皮与隔框、大梁、桁条牢固地铆接起来,形成一个受力的整体,从而使机身结构的刚度满足飞行速度日益增大的要求,使蒙皮参加整个结构的受力,如图 1-4 所示。

在半硬壳式机身中,大梁和桁条用来承受弯矩引起的轴向力;蒙皮除了要不同程度地承受轴向力外,还要承受全部剪力和扭矩;隔框用来保持机身的外形和承受局部空气动力,此外,还要承受各部件传来的集中载荷,并将这些载荷分散地传给蒙皮。

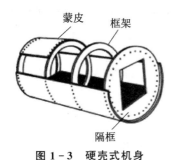

图 1-3　硬壳式机身

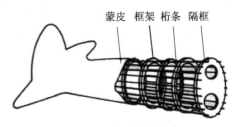

图 1-4　半硬壳式机身

2. 机　翼

机翼是飞机的重要部件之一,安装在机身上。其最主要的作用是产生升力,与尾翼一起形成良好的稳定性(也称安定性)与操纵性。常见的机翼与机身的安装位置具有一定的上反角,上反角可为固定翼无人机提供一些横向稳定性。在机翼的后缘,一般布置有横向操纵用的副翼,目的是改善机翼的空气动力效应。结构更复杂的机翼会在机翼前、后缘安装各种形式的襟翼增升装置,用以满足固定翼无人机的起飞、着陆或机动性能。

机翼在固定翼无人机的稳定性和操纵性方面起到至关重要的作用,机翼上安装的可操控翼面主要就是副翼。副翼一般在机翼的后缘外侧,当操控固定翼无人机滚转时,左右两侧机翼上的副翼偏转方向相反,当它偏转时引起两侧升力大小不同,从而产生横滚运动。另外,在具有轮式起落架的无人机上,机翼还具有连接发动机、安装起落架和设置起落架轮舱等功能,机翼的内部空间还可以用于安装油箱。

机翼通常由翼梁、纵墙、桁条、翼肋和蒙皮等构件组成。机翼的基本受力构件包括纵向骨架、横向骨架和蒙皮。纵向骨架有翼梁、纵墙和桁条,横向骨架有普通翼肋和加强翼肋,如图 1-5 所示。

3. 尾　翼

尾翼是使固定翼无人机稳定的重要组成部分,尾翼就像弓箭上的羽毛一样,使固定翼无人机在飞行过程中能维持稳定直线飞行。

在典型的设计中,尾翼有水平尾翼和垂直尾翼。水平尾翼由固定的水平安定面和可活动的升降舵面组成,垂直尾翼则包括固定的垂直安定面和可活动的方向舵面,如图1-6所示。

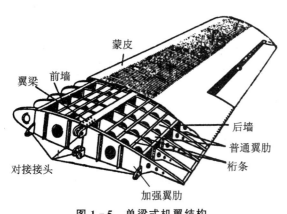

图 1-5　单梁式机翼结构

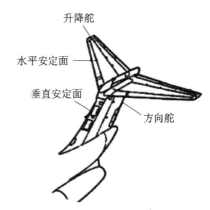

图 1-6　T 形尾翼结构

尾翼的主要作用是用来操纵飞机的俯仰运动和偏航运动,升降舵面的上下偏转可改变水平尾翼上升力的大小,从而改变固定翼无人机转入爬升或下滑。方向舵面的左右偏转可改变垂直尾翼上侧力的大小,使固定翼无人机机头向左或向右偏转。

除了常规布局的尾翼以外,还有比较常见的V形尾翼。V形尾翼的差动偏转功能,既可以提供方向舵的功能,又可以实现升降舵的功能。

4. 动力结构

动力装置主要是用来产生拉力或推力的装置,从而使固定翼无人机能够在空中以规定的速度飞行,如图1-7所示。目前固定翼无人机采用的动力装置类型有三大类:第一类是电动动力系统,主要采用无刷直流电机提供动力,通过固定的转子产生磁场,与转动的定子相互作用,电子调速器改变输入信号频率从而控制转子的响应速度,最终实现控制产生的牵引力大小。第二类是活塞式发动机,通过气体的燃烧、扩张推动气缸里的活塞做往复运动,往复运动被连杆和曲轴转化成旋转运动,然后通过齿轮变速或直接带动螺旋桨产生拉力。第三类是涡轮喷气发动机,气体由于被连续压缩,燃烧并扩张,驱动涡轮旋转并向后喷出气体,从而产生推力。

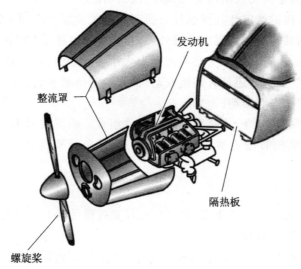

图1-7 动力结构安装位置

5. 起落装置

起落装置主要用于固定翼无人机的起飞、着陆,以及地面滑行、减震并支撑机体,是固定翼无人机必不可少的装置。起落装置主要由减震支柱和机轮组成,大体都是主轮位于机身两侧,承载固定翼无人机的主要重量。

前轮位于主轮之前的形式称为前三点式起落架,如图1-8所示。两个主轮保持一定间距,左右对称地布置在飞机质心稍后处,前轮布置在飞机头部的下方。这种分布方式的特点是,具有滑跑方向稳定性;当无人机以较大速度小迎角着陆时,主轮着陆撞击力对无人机质心产生低头力矩,减小迎角,使飞机继续沿地面滑行而不致产生"跳跃"现象,因此着陆操纵比较容易。

尾轮置于主轮之后的形式称为后三点式起落架,如图1-9所示。两个主轮(主起落架)布置在飞机的质心之前并靠近质心,尾轮(尾支撑)远离质心布置在飞机的尾部。在停机状态时,飞机 90％的质量落在主起落架上,其余的 10％由尾支撑来分担。这种分布方式的特点是,在螺旋桨无人机上容易配置;正常着陆时,三个机轮同时触地。这就意味着无人机在飘落(着陆过程的第四阶段)时的姿态与地面滑跑、停机时的姿态相同。

図 1-8　前三点式起落架　　　　　　　图 1-9　后三点式起落架

1.1.2　多旋翼无人机气动结构基础

　　多旋翼无人机是一种具有三个及三个以上旋翼轴的特殊的无人驾驶直升机。其通过每个轴上的电动机转动,带动螺旋桨产生升力,并且绝大多数多旋翼飞行平台都是采用总距固定的螺旋桨。产生运动的方式主要是通过改变单轴推进力的大小,从而改变不同螺旋桨之间的相对转速,进而实现控制多旋翼无人机运行轨迹的目的。

　　常见电动多旋翼无人机的机体结构主要是由机体中心架、机臂、起落架、载荷结构架、无刷电机和螺旋桨等组成的,如图 1-10 所示。

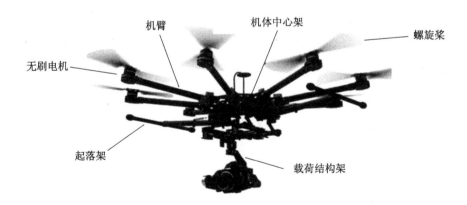

图 1-10　多旋翼无人机机体结构

　　多旋翼无人机一般采用轴对称总体布局的形式,根据其对称性的特点,结构布局可以分成两大类。第一类是十字形布局,如图 1-11(a)所示。这种布局是将 3 号电机所处的机臂位置作为机头位置,4 号电机所在的机臂作为机尾位置,水平飞行过程是以十字形布局为基础的运动。第二类是 X 形布局,如图 1-11(b)所示。这种布局是将 1 号和 3 号电机所处的机臂位置作为机头位置,2 号和 4 号电机所在的机臂作为机尾位置,水平飞行过程是以 X 形布局为基础的运动。

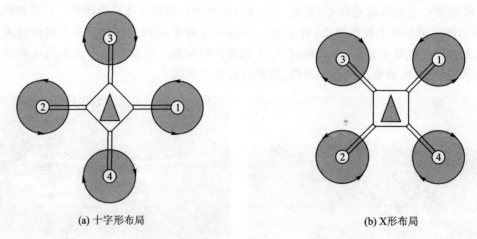

(a) 十字形布局   (b) X形布局

图 1-11 多旋翼无人机常见布局形式

1.1.3 无人直升机气动结构基础

无人直升机,是指由无线电地面遥控飞行或/和自主控制飞行的可垂直起降(VTOL)的不载人飞行器,在构造形式上属于旋翼飞行器,在功能上属于垂直起降飞行器。近十几年来,随着复合材料、动力系统、传感器,尤其是飞行控制等技术的研究进展,无人直升机得到了迅速的发展。

直升机本体包括旋翼、尾桨、机体、操纵系统、动力装置等。控制与导航系统包括地面控制站、机载姿态传感器、飞控计算机、定位与导航设备、飞行监控及显示系统等,这一部分是无人直升机系统的关键部分,也是较难实现的部分。综合无线电系统包括无线电传输与通信设备等,由机载数据终端、地面数据终端、天线、天线控制设备等组成。任务载荷设备包括光电、红外和雷达侦察设备、电子对抗设备以及通信中继设备等。

无人直升机根据平衡反扭矩的方式不同,通常分为"单桨+尾桨""双旋翼共轴式"等结构类型。

1. 常规布局无人直升机

这种布局的无人直升机靠尾翼来平衡反扭矩,其机体结构主要包括主旋翼、尾翼、机身、发动机等,如图 1-12 所示。

(1) 主旋翼

主旋翼通过高速旋转将发动机的功率转换成升力,是无人直升机最为核心的部件。主旋翼一方面为无人直升机提供克服重力的升力;另一方面,通过改变旋翼的旋转面角度来控制无人直升机的飞行姿态。

(2) 尾　翼

大多数无人直升机都是单旋翼直升机,需要配置尾翼来平衡主旋翼的反转力矩。尾翼通常包括垂直尾翼、水平尾翼和设置于垂直尾翼一侧的尾旋翼(即尾桨),如图 1-13 所示。

(3) 机头罩

机头罩为独立结构,多采用碳纤维材料在模具上一次注塑成型,外形呈流线形。为了减小前飞阻力,其内部中空,以保护机身结构,减小设备与空气产生的阻力。

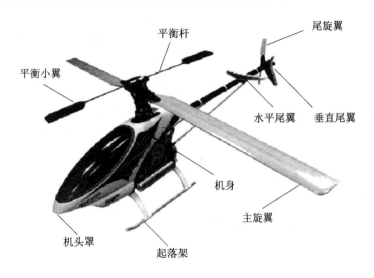

图 1 - 12　常规布局无人直升机结构

（4）起落架

起落架是独立结构,多采用注塑工艺制造而成,主要作用是在无人直升机起飞、降落过程中起到支撑和减震的作用。

（5）十字盘

十字盘是由轴承和固定轴承件组成的,主要作用是通过舵机带动连杆推动,产生向各方向倾斜角,改变产生的桨叶倾斜平面,实现在水平各方向飞行。主轴的主要作用是将电机产生的扭矩传递给主旋翼夹座连杆,从而带动桨叶转动。

图 1 - 13　无人直升机的尾翼

2. 共轴双旋翼无人直升机

共轴双旋翼无人直升机采用上下共轴、规格一致的两个旋翼,其旋转方向相反,可以自主平衡。共轴的双旋翼既是升力面又是纵横向和航向的操纵面,理论上可以不需要配置尾翼,但为了提高无人直升机的航向稳定性和方向操纵性,也会额外配置一个类似固定翼无人机的垂尾,并且一般采用双垂尾,其结构如图 1 - 14 所示。

图 1 - 14　共轴双旋翼无人直升机

1.2 大气飞行环境基础

无人机在大气层内飞行时所处的环境条件统称为大气飞行环境。大气环境对无人机的空气动力性能、发动机工作状态,以及任务载荷设备正常运行都有着很大的影响。只有了解和掌握了大气的特性和变化规律,并设法克服或减小飞行环境对无人机的影响,才能保证无人机安全、稳定地运行。

1.2.1 大气组成及分层

大气层,简称大气,是因重力关系而围绕着地球的一层混合气体,它包围着海洋和陆地,在离地表 2 000~16 000 km 高空仍有稀薄的气体和基本粒子。在地下、土壤和某些岩石中也会有少量气体,它们也可被视为大气圈的组成部分。大气的成分主要有氮气(占 78.1%)、氧气(占 20.9%),还有少量的二氧化碳、稀有气体(氦气、氖气、氩气、氪气、氙气、氡气)和水蒸气。大气的空气密度随高度而减小,高度越高空气越稀薄。大气层的厚度大约在 1 000 km,但没有明显的界线。

重于空气的航空器在大气层中飞行,大气与航空器之间的相对运动产生了空气动力,因此重于空气的航空器飞行与大气层密切相关。

整个大气层随高度不同表现出不同的特点,由地面向上可分为对流层、平流层、中间层、电离层、散逸层五层,如图 1-15 所示。

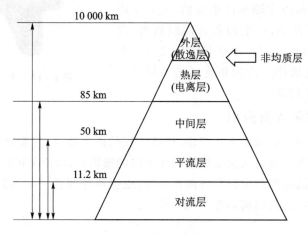

图 1-15 大气的分层

1. 对流层

对流层是紧贴地面的一层。对流层顶部离地面的高度,随纬度的不同会有所不同。在赤道,对流层位于离地表 17~18 km 的高度范围;在中纬度地区,对流层位于离地表 10~12 km 的高度范围;在南北极地区,对流层位于离地表 8~9 km 的高度范围。季节的变更会使对流层高度发生变化,同一地区不同季节的对流层高度也会有所不同,通常夏季高于冬季。对流层内所包含的空气质量约占整个大气层的 3/4。大气温度随高度而下降,平均每升高 1 km,气温约下降 6.5 ℃。

大气中的水汽几乎都集中于对流层,其最显著的特点是有强烈的空气对流运动。气流除做垂直和水平运动外,化学过程十分活跃,并伴随气团变冷或变热,水汽形成雨、雪、雹、霜、露、云、雾等一系列天气现象。

2. 平流层

平流层又称同温层,在对流层之上,顶界离地面约 50 km。平流层内所包含的空气质量约占整个大气质量的 1/4。在中纬度地区,平流层位于离地表 10～50 km 的高度范围;而在极地,平流层距离地表 8 km 左右。对流层上面,直到高于海平面 50 km 这一层,气流主要表现为水平方向运动,对流现象减弱,这一大气层叫作"平流层",又称"同温层"。平流层基本上没有水汽,晴朗无云,很少发生天气变化,适于航空器航行。在离地表 20～30 km 的高处,氧分子在紫外线作用下,形成臭氧层,像一道屏障保护着地球上的生物免受太阳紫外线及高能粒子的袭击。

3. 中间层

中间层又称中层,是自平流层顶到 85 km 之间的大气层。中间层内臭氧含量低,同时,能被氮、氧等直接吸收的太阳短波辐射已经大部分被上层大气所吸收,所以温度垂直递减率很大,对流运动剧烈。中间层顶附近的温度约为 -83.15 ℃,空气分子吸收太阳紫外辐射后可发生电离,习惯上称为电离层的底层;在高纬度地区夏季黄昏时有夜光云出现。

4. 热　层

热层又称电离层,中间层之上,整个层都是电离的。电离层是地球大气的一个电离区域。60 km 以上的整个地球大气层都处于部分电离或完全电离的状态,电离层是部分电离的大气区域,完全电离的大气区域称磁层。也有人把整个电的大气称为电离层,这样就把磁层看作电离层的一部分,距地球表面 10～80 km。约从 85 km 高度起,气温随高度而迅速上升。这一层具有很强的导电性,能吸收、反射和折射无线电波,空气密度极小,声波已无法传播。

5. 散逸层

散逸层又称外层,是大气的最外层,是大气层向星际空间过渡的区域,外层没有什么明显的边界。通常情况下,上部界限在地磁极附近较低,近磁赤道上空在向太阳一侧,大约有 65 000 km 高。在这里空气极其稀薄。通常把 1 000 km 之内,即电离层之内作为大气的高度,大气层厚约 1 000 km。

1.2.2　大气基本物理参数及与高度的关系

1. 大气密度(ρ)

大气密度是单位体积内的空气质量,即空气稠密的程度。在飞机飞行的范围内,空气密度随着飞行高度的升高逐渐减小。

大气密度与高度有关,海拔越高,大气密度越小;大气密度与天气有关,通常晴天比阴天大气密度大,这与空气中含水分多少有关;大气密度还与季节有关,冬天比夏天大气密度大,这是因为温度升高,气体体积膨胀,导致密度减小。

根据大气压力和空气密度计算公式,以及空气湿度经验公式,可得出大气压力、空气密度、湿度与海拔高度的关系。

2. 大气压力(p)

大气压力是指大气层内空气的压强,即物体单位面积上承受的空气垂直作用力。空气对物体表面产生压力的原因有两个:一个是上层空气的重力对下层空气造成的压力,所以在垂直高度上,随着高度的升高,空气压力逐渐减小;另一个是空气分子的不规则热运动使空气分子彼此相互碰撞、与容器壁相互碰撞而产生的力,所以在同一高度上,由于空气温度不同,空气的压力也是不均匀的。

大气压力与高度的关系:大气压力随高度增加而递减。在近海平面 1 000 hPa 附近,高度每上升约 10 m,气压下降 1 hPa;在 500 hPa(5 500 m)附近,高度每上升约 20 m,气压下降 1 hPa;在 200 hPa(12 000 m)附近,高度每上升约 30 m,气压下降 1 hPa。这些在航空上可用来决定飞行器飞行的高度。

3. 大气温度(T)

大气温度简称气温,表示大气的冷热程度。大气的冷热程度,实质上也是大气分子无规则运动的一种表现。气体的温度越高,分子无规则运动的速度越大,分子无规则运动的动能也越大。

大气温度与高度的关系:在不考虑逆温现象的情况下,高度越高,气温就越低。对流层内,大约高度每上升 1 km,气温下降 6.5 ℃。对流层内,离地面越高,空气所得到的热量就越少,温度也就越低,即温度随高度的增加而递减。

在平流层,气温并不随高度增加而下降。平流层是自对流层顶至 50~55 km 范围的大气层。在平流层 30 km 以下范围,气温几乎保持在一个很低的温度,不随高度的增加而变化。而在 30 km 以上范围,气温反而随高度的增加迅速上升。电离层内大气的温度变化与距地面高度没有直接的联系。散逸层内大气的温度随着高度的升高,经历了一个由高温到低温再到高温的变化过程。这种现象取决于高层大气的结构和所处的位置。

相对大气压力、相对空气密度、绝对湿度与海拔高度的关系如表 1-1 所列。

表 1-1 相对大气压力、相对空气密度、绝对湿度与海拔高度的关系

海拔高度/m	0	1 000	2 000	2 500	3 000	4 000	5 000
相对大气压力	1	0.881	0.774	0.724	0.677	0.591	0.514
相对空气密度	1	0.903	0.813	0.770	0.730	0.653	0.853
绝对湿度/(g·m^{-3})	11	7.64	5.30	4.42	3.68	2.54	1.77

注:标准状态下相对大气压力为1,相对空气密度为1,绝对湿度为11 g/m^3。

1.2.3 大气基本物理性质

1. 空气压力

空气压力是指空气的压强,即物体单位面积上所承受的空气垂直作用力。静止大气中每一处的气压,都与该处大气柱的质量平衡。因此从数量上来说,在静止的空气中,所谓大气压力也就是物体的单位面积上所承受的大气柱的质量。

在海平面,人体所承受的大气压为 14.7 磅力/英寸^2(lbf/in^2)。人体之所以能够承受这份压力,是因为身体内外压力平衡,所以没有感觉到压力的存在。地球大气密度由地面向高空呈现递减的趋势,也就意味着,单位体积的大气重量也随着高度的增加而递减;气压亦有相同的

变化趋势,随着高度的增加,气压不断降低。大气压力随着高度的增加,基本呈线性下降,固定翼无人机的气压高度计就是根据大气压来判断飞行高度的。

在国际单位制中,压强的度量单位是帕斯卡(Pa)。除此之外,气体的压强还有其他一些常用计量单位,如毫米汞柱(mmHg)、毫巴(mbar)、百帕(hPa)或磅力/英寸²(lbf/in²)。

换算关系如下:

$$1 \text{ bar} = 10^5 \text{ Pa}$$
$$1 \text{ atm} = 101\ 325 \text{ Pa} = 760 \text{ mmHg} = 14.695\ 9 \text{ lbf/in}^2$$
$$1 \text{ mbar} = 100 \text{ Pa} = 1 \text{ hPa}$$

2. 国际标准大气压

固定翼无人机的飞行性能,与大气状态(用密度、气温和气压等参数表示)密切相关。大气状态改变,飞行性能也将随之而变化。为了便于比较固定翼无人机的飞行性能,就必须以一定的大气状态作为衡量的标准。这个标准就是国际标准大气压。此时的大气压力是一个标准大气压。国际标准大气压规定,以海平面的高度为基准点,此时在海平面,$p_0 = 760$ mmHg,温度为 15 ℃、$\rho_0 = 0.125$ kg/m³ 时的大气状态为大气压的标准状态。此时的大气压力为 1 个标准大气压。

3. 空气的黏性

河中间的水流得快,河岸边的水流得慢,是因为水具有黏性,同河岸之间发生摩擦的结果。空气和水一样,也有黏性。空气的黏性与水相比要小得多,因此我们不易察觉。空气的黏性可通过图 1-16 所示实验证明。上、下两个圆盘,彼此靠近,但不接触,当电机带动下圆盘转动一段时间后,上圆盘也慢慢跟着下圆盘朝同一方向转动起来。导致这种现象的原因在于空气的黏性,是两个圆盘间的无数个空气微层相互牵扯的结果。

空气的黏性是空气在流动过程中表现的一种物理性质,大气的黏性力是相邻大气之间相互运动时产生的牵扯作用力,即大气的内摩擦力。

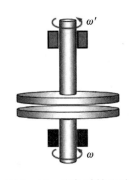

图 1-16　空气黏性实验

空气分子的不规则运动,是造成空气黏性的主要原因。相邻两层空气之间有相对运动时,会产生相互牵扯的作用力,这种作用力叫作空气的黏性力。实验和研究表明,空气黏性力大小取决于以下几个方面:

① 速度梯度。相邻两层空气的速度差 ΔV 与两层间距 ΔH 之比称为速度梯度。速度梯度大,相邻两层空间的摩擦剧烈,黏性力就大。

② 空气温度。空气温度高,分子运动速度大,空气层间交换的分子多,黏性力就大。

③ 接触面积。空气层间接触面积越大,交换的分子数就越多,黏性力就越大。

4. 空气的压缩性

任何气体都是可压缩的,空气在压强作用下的可压缩程度,用弹性模量 E(即压强变化量与单位质量空气体积的相对变化量之比)度量。空气的压缩性是指一定量的空气当压力或温度改变时,其密度和体积发生变化的特性。

当空气流过物体时,在物体周围各处,气流速度会有增大或减小的变化,气体压力会有减小或增大的变化,因此,气体密度会有减小或增大的变化。这就是空气具有压缩性的体现。空气流动速度不大时,空气的压缩性表现不明显,但当空气的流动速度较大时,由速度变化所引起的压力和密度的改变就相当可观。

5. 连续介质假设

连续介质假设作为一种处理流体和固体宏观运动的方法,已被流体力学和固体力学广泛采用,并获得很大成功。它是流体力学和固体力学中的基本假设之一。它认为真实流体或固体所占有的空间可以近似地看作连续无空隙地充满着"质点"。质点所具有的宏观物理量(如质量、速度、压力、温度等)满足一切应该遵循的物理定律。

有了连续介质假设,空间中每个点和每个时刻都有确定的物理量。这些物理量一般来说是空间坐标和时间的连续函数,从而可以利用强有力的数学分析工具。

1.3 大气环境对无人机飞行的影响

天气变化即是大气运行状态的反馈,大气环境时时刻刻影响着我们的日常工作和生活。的确,我们所有活动或多或少地受到自然天气的影响,感受最强烈的莫过于航空飞行相关产业,比如航班的运行、无人机的外出作业,等等,其直接受到当前天气的影响,决定任务的执行与否。本节就来介绍一下自然天气对无人机运行安全的影响。

1. 高温或低温天气

高温或低温天气都会影响无人机的一些功能组件,导致降低飞行效率,甚至危及飞行安全。

高温天气,合理规划飞行时间。当无人机连续工作在太阳直射环境下一段时间后,需要对无人机及其载荷设备进行及时降温处理。因为无人机的电机在运转产生升力的时候,会连带产生大量的热量,在炎热的天气下,电机非常容易过热,在一些极端情况下甚至会融化一些零部件和线缆。

同样,严寒的天气,也需要切记不能飞行太久,且应在飞行中密切关注电池的情况。因为寒冷会降低电池的效率,且容易发生掉电,导致电机停转等意外情况,这是我们必须要极力避免的。

2. 降雨、降雪、冰雹等天气

无人机不适宜在降雨、降雪、冰雹天气条件下飞行。多数电机为了散热设计成顶部镂空,进水之后会造成线圈短路,造成电机堵转、停转现象。所以在飞行前可以查询飞行区域的天气预报,重点关注降水概率和降水强度等雨雪天气。

3. 雾

人们对于雾的威胁往往认识不足。实际上无人机对于湿度也非常敏感,一方面,在大雾中飞行,无人机表面也会变得非常潮湿;另一方面,大雾会影响能见度,给目视飞行造成障碍。能见度是反映大气透明度的一个指标,指视力正常的人在当前天气条件下,能够从天空背景中看到和辨识目标物的最大水平距离,单位一般用 m 或 km 表示。户外飞行作业时,测量大气能见度一般可以直接目测,也可以使用大气透射仪、激光能见度自动测量仪等测量设备。

在目视飞行中,飞行环境的能见度也会对飞行安全产生影响。但在飞行训练时,如何判断雾是否影响飞行呢？我们多采用目测进行推断,比如能见度在 $300\sim1\,000$ m,那么就称之为大雾,不适宜飞行。一般能见度划分范围如表 1-2 所列。

表 1-2 能见度判断标准

序 号	能见度	判断标准
1	$20\sim30$ km	能见度极好,视野清晰
2	$15\sim25$ km	能见度好,视野较清晰
3	$10\sim20$ km	能见度一般
4	$5\sim15$ km	能见度较差,视野不清晰
5	$1\sim10$ km	轻雾,能见度差,视野不清晰
6	$0.3\sim1$ km	大雾,能见度很差
7	小于 0.3 km	重雾,能见度极差
8	小于 0.1 km	浓雾,能见度极差
9	不足 100 m	能见度为零

4. 空气湿度

除去大雾,空气湿度也是影响无人机正常工作的天气情况。空气湿度是指空气中水汽含量和湿润程度的气象要素。当空气相对湿度数值接近 1 时,我们就应当引起注意了,这种湿度下,即使不下雨,无人机的表面也会凝结非常多的水汽。对于无人机这类精密的电子产品,水汽一旦渗入内部,非常可能腐蚀内部电子元器件,所以我们日常也需要做好干燥除湿的保养。

5. 风

在大风的情况下,无人机为了保持姿态和飞行,会耗费更多的电量,续航时间会缩短,飞行稳定性也会大幅下降。同时也要注意最大风速不要超过无人机的最大飞行速度。风速是一个非常多变的参数,比如,当下风速只有 5 km/h,下一刻也可能狂风大作;或者,在低空飞行,安静无风,稍稍升高一些,风速却大了许多。所以,在飞行过程中要时刻关注无人机所处环境的风速和风向,这可以通过机载传感器传回的数据进行判断,做好随时调整飞行姿态的准备。另外,还可以通过地面参照物来判断风速的增减情况,如表 1-3 所列。

表 1-3 风速等级与环境影响对照

风速等级	名 称	平均离地面 10 m 处风速/$(km \cdot h^{-1})$	地面景象
0	无风	<1	静,烟直上
1	软风	$1\sim5$	烟示风向
2	轻风	$6\sim11$	感觉有风
3	微风	$12\sim19$	旌旗展开
4	和风	$20\sim28$	吹起尘土
5	劲风	$29\sim38$	小树摇摆
6	强风	$39\sim49$	电线有声

续表 1-3

风速等级	名 称	平均离地面 10 m 处风速/(km·h^{-1})	地面景象
7	疾风	50~61	步行困难
8	大风	62~74	折毁树枝
9	烈风	75~88	小损房屋
10	狂风	89~102	拔起树木
11	暴风	103~117	损毁重大
12	飓风	118~133	摧毁极大

知识点总结

本章主要介绍了无人机结构基础、大气飞行环境基础以及大气环境对无人机飞行的影响三方面内容,带领学生初步了解了无人机与大气环境相关的基本知识。

本章知识点总结如下:

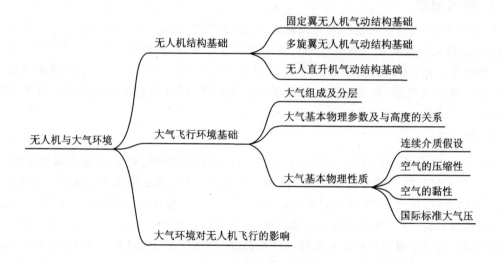

思考题

1. 简述固定翼无人机基本结构组成及其各结构的主要作用。
2. 多旋翼无人机主要结构布局有何异同点?
3. 简述常规布局无人直升机基本结构组成。
4. 简要分析大气分层的主要依据,并概括各大气层的主要特点。
5. 如何理解空气压力的定义?
6. 如何描述国际标准大气压?
7. 空气有哪些重要的特性?
8. 恶劣自然天气对无人机飞行有哪些不利影响?

第2章　固定翼无人机飞行原理

固定翼无人机是重于空气的航空器,这就决定了固定翼无人机飞行的方式。当固定翼无人机在空气中运动时,空气相对于固定翼无人机流动,空气的速度、压力等参数发生变化,于是就会产生作用于固定翼无人机上的空气动力——升力和阻力。固定翼无人机就是靠空气动力升空飞行的。本章讨论的是空气低速流动时固定翼无人机所具备的运动规律,这里分析的固定翼无人机的飞行马赫数小于 0.4。下面对作用于固定翼无人机上的升力和阻力的产生原理以及变化规律进行分析。

2.1　空气流场的基本概念

固定翼无人机运行的环境是在大气层内部,所以会遵循空气动力学的所有规律。在介绍固定翼无人机飞行原理之前,先认识一下无人机飞行的空间流场,理解流场的特性以及遵循流体力学的基本规律,这样才能更好地研究无人机飞行的原理。

2.1.1　空气的相对运动原理

空气动力学是力学的一个分支,研究飞行器或其他物体在同空气或其他气体做相对运动情况下的受力特性、气体的流动规律,以及伴随发生的物理、化学变化。在学习和研究空气动力之前,首先需要对空气流动的基本规律有所了解。

1. 流体模型化

流体模型化是将复杂的流体总结出不同类型流体共性,忽略流体的某些物理特性,建立监督的流体模型,便于对流体进行定量分析。

(1) 理想流体

理想气体是指,忽略气体分子的自身体积,将分子看成有质量的几何点;假设分子间没有相互吸引和排斥,即不计分子势能,分子之间及分子与器壁之间发生的碰撞是完全弹性的,不造成动能损失。当空气流过固定翼无人机时,一般只在贴近固定翼无人机附面层考虑空气黏性的影响,其他地方则按理想流体处理。在确定固定翼无人机表面的压力分布及升力问题时,可以将流体看作理想气体。在研究无人机阻力问题时,需要考虑流体黏性的影响因素。

(2) 不可压流体

不可压流体是指,忽略流体密度的变化,认为其是密度为常量的流体。空气流过固定翼无人机时,密度要发生变化,其变化量的大小取决于马赫数。当马赫数小于 0.4 时我们可以忽略流体密度的变化,而把流体视为不可压缩流体。考虑密度变化的流体则称为可压流体,当马赫数大于 0.4 时,必须考虑流体密度变化对流动参数的影响。

(3) 绝热流体

绝热流体是指,不考虑热传导性的流体。当空气低速流动时,除了专门研究热问题外,一般不考虑空气的热传导性,认为空气流过固定翼无人机时温度是不变的;当空气高速流动时,则要考虑空气热传导性的影响,即要考虑温度的变化对流体的影响。

2. 相对气流

空气相对于地面的运动就是气流。有风时,我们会感觉到有空气的力量作用在身上;无风时,如骑自行车飞驰或乘敞篷车奔驰,同样会感觉到有空气的力量作用在身上。这两种情况虽然不同——前者是空气流动而物体不动,后者是空气不动而物体运动,但这两种情况都有空气的力量作用在身上。只要空气相对于物体运动,就会产生空气动力。

相对气流是空气相对于物体的运动,相对气流的方向与物体的运动方向相反。固定翼无人机的相对气流就是空气相对于固定翼无人机的运动,因此固定翼无人机的相对气流方向与飞行运动方向相反,如图2-1所示。

图2-1　固定翼无人机运动方向与相对气流方向

3. 流线和流线谱

空气流过时要产生空气动力,流过物体时的情形不同,则产生的空气动力也不同。空气流过的情形一般用流线、流管、流线谱来描述。

流线是为了描述流体运动而引入的一条假想曲线,即流场中的一条空间曲线。在该曲线上,每点的流体微团的速度与曲线在该点的切线重合。

流场是指运动的流体所占据的空间。在定常流(流动参数如速度、压强、密度等,不随时间变化的流动)中,流体微团流动的路线与流线重合,流线就是流体微团流动的路线。在日常生活中看到的烟流就显示了流线的形状。由流线的定义可知,一般情况下流线不能相交。因为流线上每点的流体微团只有一个运动方向,如果两条流线相交,那么流体微团将有两个运动方向。

流线谱是所有流线的集合。流线谱反映了流体流过物体时的流动情况,如图2-2所示。流线谱的形状主要由物体的外形、物体与气流的相对位置决定。

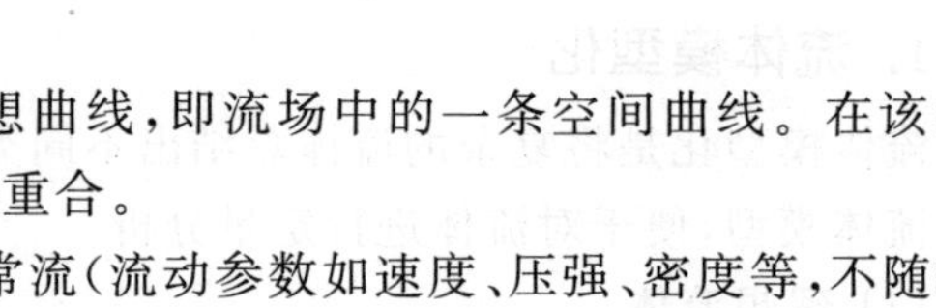

由许多流线围成的管状曲面称为流管。

图2-2　流线谱

由于流管表面是由流线围成的,因此流线不能穿出或穿入流管表面。流管好像刚体管壁一样把流体运动局限在流管之内或流管之外,就像真实的管子一样。二维流线谱中,两条流线表示一根流管。两条流线间的距离缩小,就说流管收缩或变细;两条流线间的距离增大,就说流管扩张或变粗。

图 2-3 所示为空气流过几个典型物体时的流线谱。根据流线、流管和流线谱的定义,并对比流线谱,可以得出流线谱的一些特点:① 流线谱的形状与流动速度无关;② 物体形状不同,空气流过物体的流线谱也不同;③ 物体与相对气流的相对位置不同,空气流过物体的流线谱也不同;④ 气流受阻,流管扩张变粗,气流流过物体外凸处或受挤压,流管收缩变细;⑤ 气流流过物体时,在物体的后部都要形成涡流区。

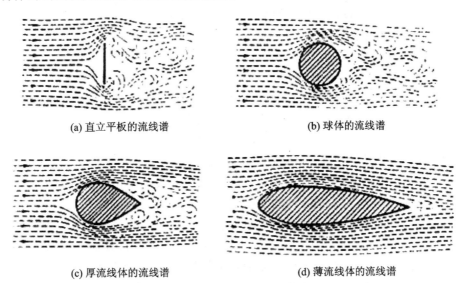

(a) 直立平板的流线谱　　　　　　　(b) 球体的流线谱

(c) 厚流线体的流线谱　　　　　　　(d) 薄流线体的流线谱

图 2-3　不同物体的流线谱

2.1.2　连续性定理

流体在运动时,应遵循质量守恒定律。这条定律在空气动力学中称为连续性定理,其数学表达式称为连续性方程。

在日常生活中,留心观察会发现很多符合流体连续性定理的现象。例如,在山谷处感受到的风会比在开阔地带的风明显;河水在河道窄的地方流速快,在河道宽的地方流速慢,等等。通过这些实例,人们总结出一条重要的原理:无论是水还是低速流动的空气,在它们流动的时候,总是在窄的地方流速快,在宽的地方流速慢。其实再准确点说,就是在流管截面积小的地方流速大,在截面积大的地方流速小。

流速与横截面变化的关系,可以用连续性定理来解释。流体的连续性定理:当流体流过一条流管时,流体将连续不断并稳定地在流管中流动,在同一时间流过流管任意横截面的流体质量相等。

如图 2-4 所示,当流体连续不断且稳定地流过一个粗细不等的管子时,由于管子中任一部分的流体都不能中断或堆积起来,因此在同一时间内,流进任意切面(如图中切面 Ⅰ)的流体质量和从另一切面(如图中切面 Ⅱ)流出的流体质量应该相等。可见,连续性原理实质上就是物质不灭定律在流体中的具体应用。

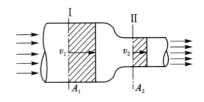

图 2-4　流体连续性原理示意图

连续性原理中各个物理量之间的关系还可用数学

式表达出来。空气在一条粗细不等的管内流动,在单位时间内,流过管子任一切面的空气质量(m),应等于单位时间内流过该切面的空气体积与空气密度(ρ)的乘积。而空气体积等于流过该切面的气流速度(v)乘以该切面的面积(A)。于是,单位时间内流过该切面的空气质量,就等于空气密度、气流速度和流管切面积的乘积。表达式如下:

$$\rho v A = m \qquad (2-1)$$

式中:m——单位时间内流过任一切面的空气的质量(kg/s);

$\quad\ \rho$——空气密度(kg/m^3);

$\quad\ v$——经过所取切面的气流速度(m/s);

$\quad\ A$——所取切面的面积(m^2)。

根据连续性原理,空气流过管子任意两切面的流量应该相等,即

$$\rho_1 v_1 A_1 = \rho_2 v_2 A_2 \qquad (2-2)$$

$$\rho v A = m(常量) \qquad (2-3)$$

上式称为流体的连续性方程。从式(2-3)中可以看出,气流速度的大小是由切面积和密度两个因素决定的。实验证明,在低速流动情况下,空气密度的变化量很小。

在低速流动的条件下飞行,通常认为密度不变,流速只与流管切面积有关,即低速气流中的流速与流管切面积成反比:流管切面积缩小,流速增大;流管切面积扩大,流速减小。这样可以使问题简化,计算方便,由此产生的误差很小,可忽略不计。在高速流动的条件下进行高速飞行时,由于流速的变化而引起的密度变化量越来越显著,就不能再认为密度不变。因此,研究高速流动问题时,必须考虑密度的变化,即流速的大小,既与流管截面积有关,还与密度有关。

2.1.3 伯努利定理

流体在运动时,除了遵循质量守恒定律以外,还要遵循能量守恒定律。这条定律在空气动力学中称为伯努利定理。其数学表达式称为伯努利方程。该定律是瑞士物理学家丹尼尔·伯努利于1783年首次提出的。

日常生活中有许多实例让我们可以观察到:气流速度增大时,空气压力会减小;气流速度减小时,空气压力会增大。例如,两条轨道上高速行驶的火车相向而行,在交汇时,两列火车会互相靠拢。这是因为两列火车交汇时,在两列火车中间的气流速度增大、空气压力减小,造成两列火车中间的空气压力小于火车外侧的空气压力,两列火车便在压力差的作用下合拢。

压力和流速的关系也可用风洞连通器实验来说明,如图2-5所示。空气静止时,与试验管道各切面相连通的玻璃管内的水柱高度一样,说明各切面的空气压力相等,都等于大气压力。当从风洞左侧向右侧吹入稳定气流时,仔细观察可以发现,各玻璃管水柱高度普遍上升,而且上升的高度各不一样。在管径细的地方,水柱上升得更高一些,说明此处气流速度较快,空气压力较小;而在管径粗的地方,水柱上升得较少,说明这里的气流速度较慢,空气压力要大一些。

通过实验我们可以总结出一个规律:当不可压缩的理想流体沿流管做定常流动时,流动速度增加,流体的静压将减小;反之,流动速度减小,流体的静压将增加。但是,流体的静压和动压之和(称为总压)始终保持不变,我们将个这规律称为伯努利定理。

伯努利定理

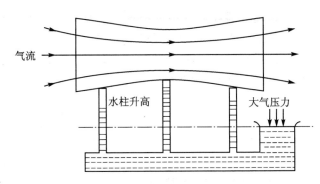

图 2-5　风洞连通器实验

　　根据能量守恒定律可知,能量不会消失,它只能从一种形式转换成另一种形式,其总能量不变。空气稳定流动时,主要有四种能量:动能、热能、压力能、重力势能。当空气低速流动时,可以认为没有热量产生,不考虑压力能的变化。在流管高度变化很小的情况下,可以认为重力势能不变。这样空气低速流动时,参与能量交换的只有压力能和动能,此时能量关系可表示为

$$动能 + 压力能 = 总能量 \tag{2-4}$$

　　利用上述关系可以推导出伯努利方程,根据连续性原理(见图 2-4),将流入横截面积 I 的动能设为 $E_{动 I}$,压力能设为 $E_{压 I}$;流出截面 II 的动能设为 $E_{动 II}$,压力能设为 $E_{压 II}$。由物理学可知,$E_{动} = \frac{1}{2}mv^2$,其中 $m = \rho v A \Delta t$,则流过任意横截面的动能 $E_{动} = \frac{1}{2}\rho v A \cdot \Delta t v^2$。由功的定义可得出压力所做的功即压力能,则流过任意截面的压力能 $E_{压} = P A v \Delta t$。若取单位体积的空气,则 $E_{动} = \frac{1}{2}\rho v^2$,$E_{压} = P$。总能量用 P_0 表示,则能量关系可表示为

$$\frac{1}{2}\rho v^2 + P = P_0 \tag{2-5}$$

式中:$\frac{1}{2}\rho v^2$——动压,单位体积空气所具有的动能(这是一种附加的压力,是空气在流动中受阻,流速降低时产生的压力);

　　　P——静压,单位体积空气所具有的压力能(在静止的空气中,静压等于当时当地的大气压);

　　　P_0——总压(全压),动压和静压之和(总压可以理解为气流速度减小到零时的静压)。

　　伯努利定理可以表述为:稳定气流中,在同一流管的任意截面上,空气的动压和静压之和保持不变。由此可见,动压大,则静压小;动压小,则静压大。即流速大,压强小;流速小,压强大;流速减小到零时,压强增大到总压值。

　　伯努利定理在下列条件下才是适用的:① 气流是连续、稳定的,即流动是定常的;② 流动的空气与外界没有能量交换,即空气是绝热的;③ 空气没有黏性,即空气为理想流体;④ 空气密度不变,即空气为不可压缩气流;⑤ 流体在同一条流线或同一条流管上。

2.1.4　伯努利定理的应用

　　利用伯努利方程,可以很容易地测出固定翼无人机的飞行速度。飞行过程中的速度可以分为指示空速和真空速两种。指示空速也称表速,是指由空速管测的压力(动压)按海平面标

准大气压换算的速度,也就是飞行器在海平面的高度飞行时,空气对飞行器实际作用力的速度;真空速是指飞行器和空气相对的速度,指示空速是加上当前的静压(跟高度、温度有关)修正后的速度。空速表就是测量固定翼无人机空速的仪表,如图 2-6 所示。细指针指示的为指示空速,粗指针指示的为真空速,根据空速表的读数可以判断作用在固定翼无人机上的空气动力情况,进而正确地操纵固定翼无人机。

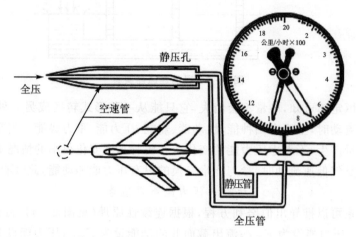

图 2-6 空速表的工作原理

1. 指示空速测量原理

我们把温度和静压设为海平面标准大气参数,这样空速只与动压有关,由此得到

$$E_{动} = \frac{1}{2}\rho v^2 \tag{2-6}$$

这样仅通过测量动压便可以表示出指示空速。

指示空速表中的开口膜盒在动压的作用下产生变形,并带动细指针指示。指针的偏转角完全取决于动压的大小,即指示空速的大小。空速大,动压也大,仪表指示空速的读数也越大。

指示空速表是根据海平面标准大气压条件下空速与动压的关系,利用开口膜盒这一敏感元件得到动压值,从而实现相应指示空速的测量。

2. 真空速测量原理

理论和实验证明,动压 $E_{动}$ 与空速 v 之间有如下关系:

$$E_{动} = \frac{1}{2}\rho v^2(1+\varepsilon) \tag{2-7}$$

式中:ε——考虑气体压缩性所引入的修正系数,它与空速和静温有关;

ρ——大气密度,与大气静压和静温密切相关。

因此真空速可通过测量动压、静压和静温而获得。

真空速表中有两个开口膜盒和一个真空膜盒。第一个开口膜盒内部通全压,外部通静压,膜盒变形大小由动压决定。第二个开口膜盒与感温液体的感温器相连,其变形大小由气温决定。真空膜盒感受静压变形,其变形大小由静压决定。

当静压、气温不变而动压增大时,粗指针偏转角增大,即真空速变大;当动压、静压不变而气温降低时,粗指针偏转角减小,即真空速变小;当动压、气温不变而静压减小时,粗指针偏转角增大,即真空速变大。

2.2　固定翼无人机飞行的基本原理

机翼是固定翼飞行器最主要的机体结构,是产生升力的主要装置。而升力是通过相对气流流过机翼表面时,由于机翼上下表面气流的流速不一样而产生的。阻力是伴随着升力而产生的阻碍飞机前进的力,产生的原因是空气具有黏性;阻力有摩擦阻力、干扰阻力、压差阻力和诱导阻力。诱导阻力能够产生升力,而其他三个阻力是废阻力,下面我们来介绍一下这三部分的具体内容。

2.2.1　固定翼无人机的机翼

机翼是固定翼无人机产生升力的主要部件,固定翼无人机与空气相对运动从而产生总空气动力,而机翼是产生总空气动力的主要装置。下面我们从机翼的平面种类和剖面种类介绍机翼参数以及机翼的流线谱与迎角之间的关系。

1. 机翼的平面种类及参数

机翼的平面形状常见的有三种,分别是平直翼型、后掠翼型和三角翼型,如图 2-7 所示。根据使用场景不同,平直翼又分为矩形翼、梯形翼和椭圆翼。

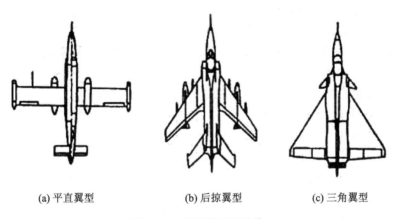

(a) 平直翼型　　　　(b) 后掠翼型　　　　(c) 三角翼型

图 2-7　机翼的平面种类

平直翼是指无明显后掠角的机翼。一般指后掠角小于 20°,平面形状呈矩形、梯形或半椭圆形的机翼。

后掠翼是指前缘和后缘均向后掠的机翼。表征机翼后掠程度的指标是后掠角,即机翼前缘与水平线的夹角。后掠翼的气动特点是可增大机翼的临界马赫数,推迟激波的到来,并减小超声速飞行时的阻力。

三角翼是指机翼前缘后掠、后缘基本平直,半翼俯视平面形状为三角形的机翼。这种机翼具有后掠角大、展弦比小和相对厚度小等特点,主要优点是机翼重量轻、刚性好、容积大等,可分为有平尾式和无平尾式两类。

低速飞行无人机一般采用矩形翼和梯形翼,高速飞行无人机一般采用后掠翼和三角翼。

机翼的种类

下面就以后掠翼为例来介绍机翼的平面参数,如图2-8所示。

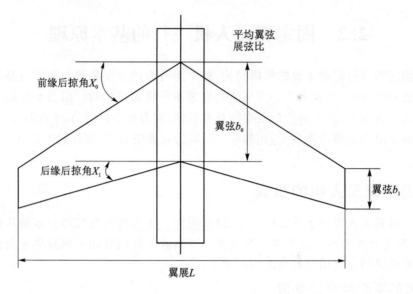

图2-8　机翼的平面参数

① 机翼面积:机翼在水平面内的投影面积叫作机翼面积,用 S 表示。

② 根尖比:机翼的翼根翼弦与翼尖翼弦的比值叫作根尖比,用 η 表示。

③ 翼展:机翼左右翼尖之间的距离叫作翼展,用 L 表示。

④ 机翼的几何平均翼弦:机翼的投影面积与翼展的比值叫作机翼的几何平均翼弦,用 b 表示。

⑤ 展弦比:机翼的翼展与平均翼弦的比值叫作展弦比。展弦比的大小表示机翼平面形状长短和宽窄程度。展弦比小,机翼短而宽;展弦比大,机翼窄而长。

⑥ 后掠角:表示机翼向后倾斜的程度,是机翼上有代表性的等百分比弦线同垂直于对称面的轴线之间的夹角。如图2-9所示,X_0 称为前缘后掠角;$X_{0.25}$ 称为1/4弦线后掠角;$X_{0.5}$ 称为中弦线后掠角;X_1 称为后缘后掠角。一般常用1/4弦线后掠角作为机翼的后掠角。

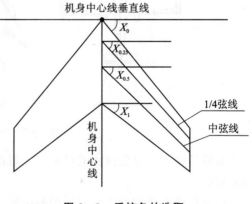

图2-9　后掠角的选取

2. 机翼的剖面种类及参数

机翼的剖面是从平行于机翼的对称面截得的机翼截面,通常称为翼型。翼型的几何形状是机翼的基本几何特性之一。翼型的气动特性直接影响到机翼及整个固定翼无人机的气动特性,在空气动力学理论和飞行器设计中具有重要的地位,常见的翼型如图2-10所示,下面逐一介绍。

① 对称翼型:剖面结构是上弧线、下弧线分别对称,主要用于固定翼无人机的尾翼翼型,

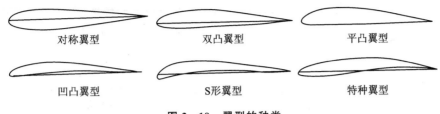

| 对称翼型 | 双凸翼型 | 平凸翼型 |
| 凹凸翼型 | S形翼型 | 特种翼型 |

图 2-10　翼型的种类

也可用于超声速飞行器、低速特技固定翼无人机主翼、高性能直升机旋翼。

　　② 双凸翼型:剖面结构是上、下弧线都是外凸的,但上弧线的弯度比下弧线大;主要在高空、高速飞行的固定翼无人机上使用;至今大部分固定翼无人机的主翼多使用这种翼型;气动性能优越,便于加工,结构特性好。

　　③ 平凸翼型:剖面结构是上弧线凸出而下弧线除前缘外均为直线,主要用于常规布局且飞行速度适中的固定翼无人机,也可用于一般固定翼无人机的水平尾翼翼型;这种机翼特性与双凸翼型特性比较接近,但性能略低于双凸翼型。

　　④ 凹凸翼型:上弧线凸出而下弧线凹进的翼型;不适合于较大机动的固定翼无人机及高速飞行的飞行器;应用最早,但飞行阻力大,失速迎角较小,目前已经较少应用。

　　⑤ S形翼型:因中弧线像是横放的S形而得名,常见用在三角翼无人机上。这种机翼特性就是安定性较好,可用在无尾翼固定翼无人机上。

　　⑥ 特种翼型:特殊剖面结构的翼型,为了满足某种性能指标或要求而设计的。一般常在航模上应用。

　　用来表明翼型特点的数据叫作翼型的参数,如图 2-11 所示。常用的参数有弦长、最大厚度和最大曲度等。

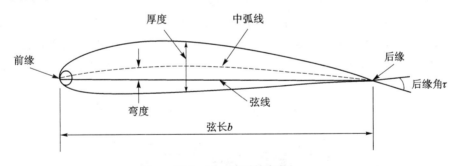

图 2-11　翼型的参数

　　① 翼弦:翼型最前端点的连线叫作机翼前缘,最后端点的连线叫作机翼后缘。连接翼型前缘到后缘的连线叫作弦线,弦线的长度叫作弦长,用 b 表示。

　　② 相对厚度:翼弦垂直线与翼型上、下翼面交点之间的距离称为翼型的厚度。厚度的最大值称为翼型最大厚度 C_{max}。翼型最大厚度 C_{max} 与弦长 b 的比值称为相对厚度,用 $\bar{C}$ 表示。

$$\bar{C} = \frac{C_{max}}{b} \times 100\% \tag{2-8}$$

相对厚度的大小表示翼型的厚薄程度。相对厚度大,表示翼型厚;相对厚度小,表示翼型薄。

　　③ 翼型中弧线:在翼型上下弧线之间,沿翼弦作垂线,连接这些垂线的中点所组成的弧线叫作翼型中弧线。

④ 最大弯度:翼型中弧线到弦线之间的最大距离称为最大高精度,用 f_{max} 表示。

⑤ 相对弯度:最大弯度 f_{max} 与翼型弦长 b 的比值称为相对弯度,用 f 表示。

$$f = \frac{f_{max}}{b} \times 100\% \qquad (2-9)$$

相对弯度的大小表示翼型的弯曲程度。相对弯度大,表示翼型弯曲程度大;相对弯度小,表示翼型弯曲程度小。

⑥ 前缘半径:翼型前缘的外形多为圆弧形的,圆弧的半径称为翼型的前缘半径。前缘半径的大小表示翼型前缘的尖钝程度。前缘半径越大,说明翼型前缘越钝;前缘半径越小,说明翼型前缘越尖。

3. 机翼的流线谱与迎角

迎角是指相对气流方向(即飞行速度方向)与翼弦之间的夹角,常用 α 表示,如图 2-12 所示。相对气流方向指向翼弦下方,为正迎角;相对气流方向指向翼弦上方,为负迎角;相对气流方向与翼弦平行,为零迎角。飞行中经常使用的是正迎角。

不同迎角下的
机翼流线谱

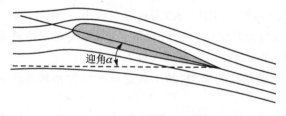

图 2-12 迎 角

观察空气流过机翼的情形可以用烟风洞实验来演示,如图 2-13 所示。实验模型是选取双凸型机翼的一小段,一条条烟迹表示气流的路线;在流线谱中,任何两条相邻的流线,都可以看成是一根流管,空气就在流管中流动。两条流线之间的距离缩小,表示流管切面变细;两条流线之间的距离扩大,表示流管切面变粗。机翼的流线谱,形象地显示了空气流过机翼的情形。

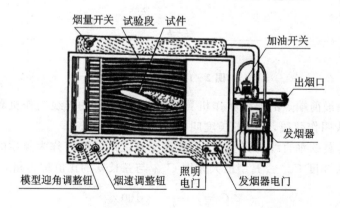

图 2-13 烟风洞实验

从流线谱可以看到,机翼前方的气流流到机翼前缘时,开始受到机翼的阻挡,流线分成两股,一股流经机翼上表面,另一股流经机翼下表面。由于机翼上、下表面向外凸起,流线在这些地方比较密集,即上、下表面的流管都较之前变细。再比较上、下表面的流线,可以看到,由于上表面比下表面凸起得多,所以上表面的流线更密一些,流管更细一些。到了机翼后缘,由于气流分离,出现了涡流,通过改变机翼的迎角大小,可以观察到机翼上、下表面产生的流线有所不同。

从实验中还可以看到,机翼的流线谱与迎角大小有关;迎角不同,流线谱也不一样。当迎角由小变大时,机翼上表面的流管变得更细,下表面的流管变得更粗,流管较原来变粗,甚至比前方流管还粗,而机翼后缘涡流更多。

2.2.2 固定翼无人机的升力

固定翼无人机在空中飞行时,通过其机体各部分产生的空气动力的总和称为固定翼无人机的空气总动力,通常用 R 表示。一般情况下,固定翼无人机的空气总动力是向上并向后倾斜的,根据其所起的作用,固定翼无人机的空气总动力可以分解为垂直于飞行速度方向和平行于飞行速度方向的两个分力。垂直于飞行速度方向的分力叫升力,用 L 表示;平行于飞行速度方向的分力叫阻力,用 D 表示。图 2 - 14 所示为机翼受力分析。

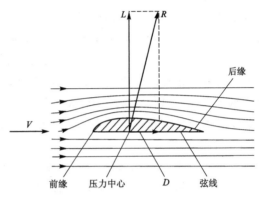

图 2 - 14 机翼受力分析

固定翼无人机飞行时,机体各部分都会产生升力,但绝大部分由机翼产生。尾翼通常产生负升力,其他部分产生的升力很小。下面以主机翼为例说明固定翼无人机升力的产生原理及变化规律。

1. 升力的产生原理

相对气流流过翼型时,流线和流管将发生变化,引起绕翼型的压力发生变化,只要上、下翼面存在压力差,就会产生升力。下面就以气流绕双凸翼型的流线谱为例来说明升力的产生原理。从流线谱可以看出,空气流到翼型的前缘分成上、下两股,分别沿翼型的上、下表面流过,并在翼型的后缘汇合并向后流去,如图 2 - 15 所示。

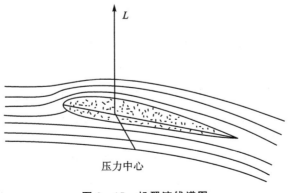

图 2 - 15 机翼流线谱图

翼型的上表面,由于正迎角和翼面外凸的影响,流管收缩,流速增大,压力降低;而翼型的下表面,由于气流受阻,致流管扩张,流速减慢,压力增大。这样一来翼型的上、下翼面便出现了压力差,总压力差在垂直于相对气流方向的分量就是翼型的升力。

机翼升力的着力点称为压力中心。对于非对称翼型,在迎角小于临界迎角的范围内,迎角增大,压力中心前移;在迎角大于临界迎角的范围内,迎角增大则压力中心后移。

2. 翼型的压力分布

机翼的升力是由上、下翼面的压力差产生的,要想了解机翼各部分升力的贡献大小,就需要知道机翼的压力分布情况。描述机翼的压力分布情况常用矢量表示法和坐标表示法。

(1) 矢量表示法

在描述机翼压力分布时,通常将机翼上各点的静压(p)与大气压(p_0)进行比较。翼面各点静压与大气压之差称为剩余压力。表达式如下:

$$\Delta p = p - p_0 \tag{2-10}$$

如果翼面上某点的压力高于大气压,则 Δp 为正值,称为正压,形成压力;如果翼面上某点的压力低于大气压,则 Δp 为负值,称为负压,形成吸力。正压和负压可以用矢量来表示,矢量箭头长度表示正压和负压的大小。矢量方向与翼面垂直,箭头由翼面指向外,表示吸力;箭头指向翼面,表示正压力。

将各点矢量的外端用光滑的曲线连接起来,就得到了矢量表示的机翼压力分布图,如图 2-16 所示。从图上可以看到两个特殊的点:在机翼前缘,流速减小到零,是正压最大的点,叫作驻点,即图中 A 点;吸力最大的点被称为最低压力点,即图中 B 点。

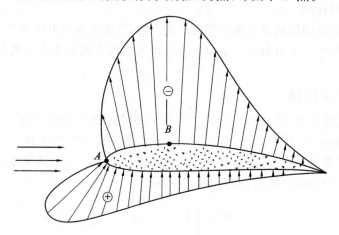

图 2-16　机翼压力矢量分布图

(2) 坐标表示法

在低速流动时,当翼型和迎角一定,翼型的流线谱不变时,翼面某点的流速就是一个确定值,所有翼面上该点的压力系数(C_p)也就是一个定值。该压力系数无量纲,表明翼面各点的压力参数主要取决于迎角和翼型,与动压无关。

机翼升力的产生主要是靠机翼上表面吸力的作用,尤其是上表面的前段,而不是靠下表面正压的作用,如图 2-17 所示。由上翼面吸力所产生的升力,一般占总升力的 60%~80%;而下翼面正压力所产生的升力只占总升力的 20%~40%。图中 $C_p = 1$ 的点就是驻点,C_p 最小的点就是最低压力点。

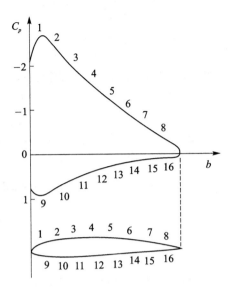

图 2-17　压力系数-弦长坐标系

3. 升力公式的推导

固定翼无人机的升力是由于机翼上、下翼面存在压力差而产生的,因此引起机翼压力变化的因素都成为引起升力变化的原因。影响机翼升力的主要因素有迎角、机翼形状、机翼面积、流体密度、气流速度等,这些因素是怎样影响机翼升力的?它们之间的关系又如何?下面通过升力公式的推导,进而分析出影响升力大小的因素。

气流流过翼型的流线谱如图 2-18 所示。

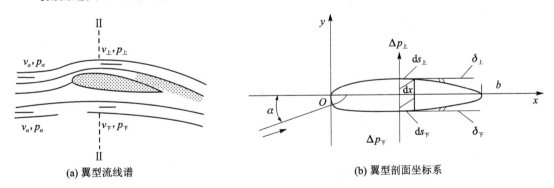

(a) 翼型流线谱　　　　　　　　　　　　　(b) 翼型剖面坐标系

图 2-18　气流流过翼型的流线谱

设流过翼型上、下表面的气流速度和压力在 Ⅱ-Ⅱ 截面处分别为 $v_上$、$p_上$ 及 $v_下$、$p_下$。根据伯努利方程,有

$$\frac{1}{2}\rho v_\infty^2 + p_\infty = \frac{1}{2}\rho v_上^2 + p_上$$

$$\frac{1}{2}\rho v_\infty^2 + p_\infty = \frac{1}{2}\rho v_下^2 + p_下$$

整理后得

$$\Delta p_{\pm} = p_{\pm} - p_{\infty} = \frac{1}{2}\rho_{\infty}v_{\infty}^2\left(1 - \frac{v_{\pm}^2}{v_{\infty}^2}\right) = \frac{1}{2}\rho v_{\infty}^2 + C_{p\pm} \qquad (2-11a)$$

$$\Delta p_{\mp} = p_{\mp} - p_{\infty} = \frac{1}{2}\rho_{\infty}v_{\infty}^2\left(1 - \frac{v_{\mp}^2}{v_{\infty}^2}\right) = \frac{1}{2}\rho v_{\infty}^2 + C_{p\mp} \qquad (2-11b)$$

在单位展长机翼上,沿弦向取微段 dx,设其上表面的微段弧长为 $ds_{\pm}$,下表面的微段弧长为 $ds_{\mp}$,它们的切线与 x 轴的夹角分别为 $\delta_{\pm}$ 和 $\delta_{\mp}$,如图 2-18(b)所示,则作用在该微段上的升力为

$$dL = (\Delta p_{\mp}\cos\delta_{\mp} - \Delta p_{\pm}\cos\delta_{\pm})\cos\alpha$$

因为 $ds_{\pm} = ds_{\mp} = dx$,所以作用在单位展长机翼的升力为

$$L_{型} = \int(\Delta p_{\mp}\cos\delta_{\mp} - \Delta p_{\pm}\cos\delta_{\pm})\cos\alpha\, dx \cdot 1 \qquad (2-11c)$$

将式(2-11a)和式(2-11b)代入式(2-11c),得

$$L_{型} = \frac{1}{2}\rho_{\infty}v_{\infty}^2 \cdot \int_0^b (C_{p\mp}\cos\delta_{\mp} - C_{p\pm}\cos\delta_{\pm})\cos\alpha\, dx \cdot 1$$

$$= \frac{1}{2}\rho_{\infty}v_{\infty}^2 \cdot b \cdot 1\int_1^b (C_{p\mp}\cos\delta_{\mp} - C_{p\pm}\cos\delta_{\pm})\cos\alpha\, d\bar{x} \qquad (2-11d)$$

式中 $\bar{x} = \dfrac{x}{b}$。令

$$C_{L型} = \int_1^b (C_{p\mp}\cos\delta_{\mp} - C_{p\pm}\cos\delta_{\pm})\cos\alpha\, d\bar{x} \qquad (2-11e)$$

则式(2-11e)可以表示为

$$L_{型} = C_L \cdot \frac{1}{2}\rho_{\infty}v_{\infty}^2 \cdot b \cdot 1 \qquad (2-11f)$$

式(2-11f)就是翼型的升力公式。式中: $b \cdot 1$ 是机翼的面积 S; $C_{L型}$ 称为翼型的升力系数。

同理,固定翼无人机的升力公式还可以表示为

$$L = C_L \cdot \frac{1}{2}\rho v^2 \cdot S \qquad (2-12)$$

式中: C_L——升力系数;

$\dfrac{1}{2}\rho v^2$——飞行动压;

S——机翼的面积。

根据升力公式可分析,固定翼无人机的升力与升力系数、飞行动压及机翼面积成正比。影响升力系数的因素有机翼形状、机翼面积、飞行迎角等,影响飞行动压的因素有飞行器所处环境的空气密度、相对气流速度等。下面分析这些因素对升力产生的影响。

4. 影响升力的因素

(1) 翼型对升力的影响

翼型不同,机翼流线谱和压力分布也不同,因而升力大小也不一样。例如平凸翼型和双凸翼型,如图 2-19 所示,平凸翼型上、下表面的弯曲程度相差较大,使上、下表面流管粗细的差别变大,所以在其他因素相同的条件下,平凸翼型的升力比双凸翼型的大。

(2) 迎角对升力的影响

迎角不同,机翼流线谱也不同,从而影响升力的大小也发生变化。在不同正迎角下,机翼

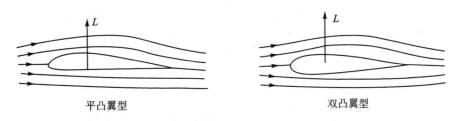

平凸翼型　　　　　　　　　双凸翼型

图 2 - 19　不同翼型对升力的影响

的流线谱和压力分布的变化情况:在一定迎角范围内,增大迎角,升力增大。这是因为,随着迎角的增大,机翼上表面前部,流线更为弯曲,流管更为收缩,于是流速加快,压力降低,吸力增大。与此同时,气流受下表面的阻挡作用更强,流速减慢,压力提高。于是,机翼上、下表面压力差增大,所以升力增大。

当迎角增大到某一值时,机翼上表面前部流管变得最细,流速最快,吸力最大,而下表面流管变得更粗,流速更慢,正压力更大。这时上下压力差增加到最大,所以升力最大。当迎角超过这一值时,迎角再继续增加,升力反而减小。其原因主要是机翼上表面的涡流区扩大,上表面前部流管扩张,吸力降低所致,可以从升力系数与迎角坐标系中发现这一规律,如图 2 - 20 所示。

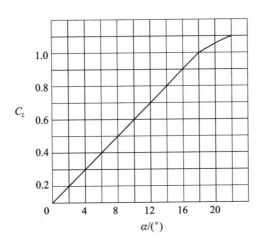

图 2 - 20　升力系数与迎角坐标系

由上述可知,迎角增大,上表面前段的流管变细,使升力增大,但同时,在机翼上表面的后部,涡流区扩大,破坏了空气的平顺流动,从而使升力减小。这是矛盾着的两个方面,并且它们在不同迎角范围内,对升力的影响是不相同的。

在小迎角下(如图 2 - 21(a)所示),涡流区只占机翼后部很小的一段范围,对机翼压力分布影响不大。虽然迎角增大时,气流分离点逐渐前移,使涡流区逐渐扩大,但是这对机翼表面空气的平顺流动影响还不大,增大迎角,上表面流管变细的作用是主要的,升力依旧随迎角的增大而继续升高。

超过某一迎角后,迎角再增大,由于气流分离点迅速前移,涡流区迅速扩大(如图 2 - 21(c)所示),这时便破坏了空气的平顺流动,机翼上表面的前段流管反而变粗,流速减慢,吸力降低。因为升力主要是由上表面前段的吸力产生的,现在这个地方的吸力降低了,所以升力减小。在飞行速度等其他条件相同的情况下,得到最大升力的迎角叫作临界迎角。超过临界迎角后,升力不再随迎角的增大而增大,而是不断减小。

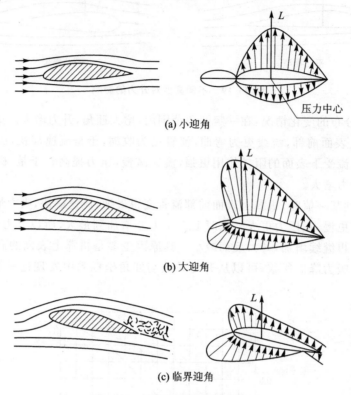

(a) 小迎角

(b) 大迎角

(c) 临界迎角

图 2-21 不同迎角下的机翼升力

(3) 空气密度对升力的影响

空气密度和飞行速度不同,会导致相对气流的动压不同。在低速的条件下,虽然流线谱基本上不改变,但它直接影响机翼各处压力的变化,从而影响升力。

当空气密度大时,说明空气比较稠密,作用在机翼上表面的吸力和下表面的正压力都增大,机翼上下表面压力差增大,则升力增大;反之,升力减小。影响空气密度大小的因素与飞行高度和气温有关。飞行高度低或气温低,空气密度就大,升力也就大;反之,升力减小。

(4) 相对气流速度对升力的影响

飞行速度增大,即相对气流速度增大,机翼上表面的气流速度比下表面的气流速度增大得更多。所以上表面压力比下表面压力减小得更多,上下表面压力差增大,升力随之增大。由实验数据可得:升力与飞行速度的平方成正比。

空气密度和飞行速度对升力的影响综合起来,就是气流动压对升力的影响。气流的动压越大,产生的升力也越大,即升力与相对气流中的动压成正比。

(5) 机翼面积对升力的影响

在其他因素不变的条件下,机翼面积的变化虽然不会引起流线谱和压力分布的改变,但它使产生机翼上下表面压力差的面积发生变化,从而影响升力。机翼面积大,产生上下表面压力差的地方就越多,产生上下表面压力差的总和也就越大,所以升力增加。

2.2.3　固定翼无人机的阻力

阻力是与固定翼无人机运动轨迹平行且与飞行速度方向相反的力。阻力阻碍固定翼无人机的飞行,但没有阻力,固定翼无人机无法飞行。在低速飞行时,根据阻力形成原因不同,可以分为摩擦阻力、压差阻力、干扰阻力、诱导阻力。其中摩擦阻力、压差阻力、干扰阻力与空气黏性有关,而诱导阻力主要与升力有关。

1. 低速气流产生阻力的特性

在讨论飞行阻力之前,需要先了解与阻力相关的飞行环境。影响固定翼无人机运行的阻力主要与空气黏性有关,空气与机体结构产生阻力的区域主要是附面层区域。

在物理学和流体力学中,边界层是一个重要的概念。附面层是指在黏性影响显著的边界附近的流体层。有黏性的气体流过物体时,由于物体表面不是绝对光滑的,且对空气分子有吸附作用,所以紧贴物体表面的一层气流受到阻滞和吸附,气流速度变为零。这层速度为零的空气层又因为黏性影响到其外层的气流,使其外层气流速度减小。这样一层一层地向外影响下去,在紧贴物体表面的地方就出现了气流速度沿物体表面法线方向(简称物面法向)逐渐增大的薄层。附面层的厚度如图 2-22 所示。

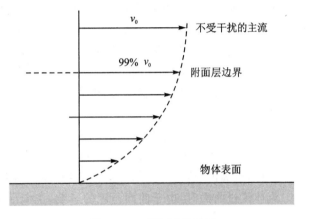

图 2-22　附面层的厚度

附面层的特点:

① 附面层内沿物面法向的压强不变且等于法线主流压强。如果沿物面法向测量附面层在垂直方向的静压强 p 的变化,那么其结果是压强 p 在附面层内沿垂直方向几乎不变。

② 附面层的厚度随气流流经物面距离的增长而变厚。

气流沿物面流动时,紧贴附面层的一层空气不断受到附面层内空气黏性的影响,逐渐减速变为附面层内的气流,因而气流沿物面流过的距离越长,附面层的厚度也就越厚。

附面层的分类:气流沿物面流动时,在物面的前段一般是层流,后段是紊流,层流和紊流之间的过渡区被称为转捩点,如图 2-23 所示。

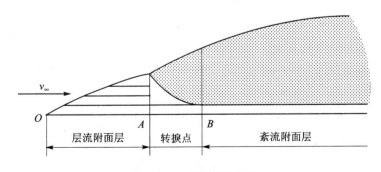

图 2-23　附面层的转捩

黏性气体的流动存在两种基本流态:层流附面层和紊流附面层。层流附面层是指气体微团沿物面法向分层流动,互不混淆,空气微团没有明显的上、下扰动的现象;紊流附面层是指气体微团除了沿物面流动外,还明显地沿物面法向上、下扰动,使各层之间有强烈的混合,形成紊乱的流动。

2. 飞行阻力的类型及特性

(1) 摩擦阻力

由附面层理论可知,空气流过机翼时,紧贴机翼表面的一层空气,其速度恒等于零。在附面层的底部,由于流动的空气层与紧贴固定翼无人机表面不流动的空气层之间存在着速度差,紧贴机体表面流体速度为零,这层空气要给其上层流体层一个黏性力,使之减速。

根据牛顿第三定律,流动的空气层也要给不流动的空气层一个黏性力,想要带动附面层流动。但因附面层附着在机体表面,不能流动,它只能把受到的黏性力传给固定翼无人机,使得机体受到阻力,这个阻力就是摩擦阻力。由此可见,摩擦阻力的方向与相对气流方向一致,与飞行方向相反,阻碍固定翼无人机前进。

摩擦阻力除了与附面层的类型有关外,还取决于空气与机体接触面积和机体表面粗糙度,机体表面积越大,摩擦阻力就越大;机体表面越粗糙,摩擦阻力也就越大。

(2) 压差阻力

压差阻力是一种由于物体的前、后有压力差而引起的阻力。空气流过机翼的过程中,在机翼前缘部分,受机翼阻挡,流速减慢,压力增大;在机翼后部,由于气流分离形成涡流区,压力减小。这样,机翼前、后便产生了压力差,阻碍固定翼无人机的飞行,形成阻力。

流体流过曲面时,由于曲面弯度的影响,主流沿流动方向压强变化,即存在压强梯度,如果流动方向以 x 向表示,则压强梯度可表示为 $\dfrac{dp}{dx}$。压强梯度对附面层气流的流动将产生很大的影响。如图 2-24 所示,从 O 到 A,流线逐渐变密,流速加快,压强减小,$\dfrac{dp}{dx}<0$,称为顺压梯度;从 A 到 B,流线逐渐变稀疏,流速减慢,压强增大,$\dfrac{dp}{dx}>0$,称为逆压梯度。

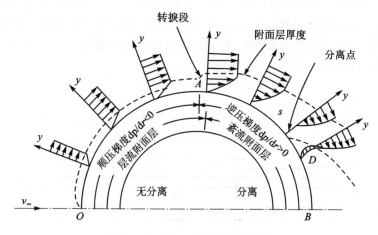

图 2-24 顺压梯度和逆压梯度

飞行中,迎角大小对压差阻力有很大影响。迎角增大时,机翼上表面最低压力点的压力降低。因此,后缘部分的压力比最低压力点的压力大很多(即反压力更大),于是,在上表面后部的附面层中,空气向前倒流的趋势增强,气流分离点向前移动,而使涡流区扩大,压力减小更多。与此同时,机翼前部气流受阻程度增大,使前部压力增大很多。因此,前后压力差增大,从而使机翼的压差阻力增大。当迎角增大到超过临界迎角以后,由于分离点迅速前移,涡流区扩大到机翼的前部,压力降低更多;同时,前部气流受阻更大,压力增大更多。于是,前后压力差增大得更加显著,压差阻力更大。由此可见,迎角增大,压差阻力增大;而且迎角越大,压差阻力增大就越多。

此外,压差阻力还与物体形状有关。实验表明,流线形物体的压差阻力最小。前圆后尖的流线形物体有利于减小压差阻力。圆板与切面积一样大的流线形物体比较,流线形物体的压差阻力更小。因为圆板前部气流受阻挡,压力很大,后部的涡流区大,压力很小,所以前后压力差很大。而流线形物体的前部,气流受到的阻挡比较小,压力增加不多,后部涡流区小,压力降低得少,所以流线形物体前后压力差小,压差阻力小。

(3) 干扰阻力

将固定翼无人机各部分结合起来之后,还会因气流互相作用、互相干扰而引起一种附加的阻力,这种附加阻力叫作干扰阻力。机翼与机身结合后的相互干扰如图 2-25 所示。

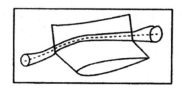

图 2-25　机翼与机身结合后的相互干扰

下面以空气流过机翼与机身结合部分的情形为例,来说明干扰阻力是如何产生的。

机翼表面和机身表面都向外凸出,所以在机翼与机身结合部分的中部,流管剧烈收缩,流速迅速加快,压力很快降低。而在后部,流管剧烈扩张,流速迅速减慢,压力很快增高。这使得附面层内气流在更大的反压力的作用下,引起分离点前移,涡流区扩大,以致机翼和机身组合体的阻力比单个机翼的阻力与单个机身的阻力之和还要大些。这个附加的阻力就是干扰阻力。

(4) 诱导阻力

诱导阻力的产生与翼尖涡和下洗流有关,并且与升力的产生也有关。

1) 翼尖涡的形成

当机翼产生正升力时,下翼面的压强比上翼面高,在上、下翼面压强差的作用下,下翼面的气流就绕过翼尖流向上翼面,这样就使下翼面的流线由机翼的翼根向翼尖倾斜,而上翼面的流线则由翼尖偏向翼根,如图 2-26 所示。

由于上、下翼面气流在后缘处具有不同的流向,于是就形成涡流,并在翼尖卷成翼尖涡,翼尖涡向后流就形成翼尖涡流。机翼上产生的升力越多,翼尖涡也就越强。从固定翼无人机的后部向前看,右翼尖涡是逆时针旋转,左翼尖涡是顺时针旋转。飞行过程中,因翼尖涡内的空气压强低,如果空气中含有足够的水蒸气,就会因压缩冷却而结成水珠,形成由翼尖向后的两道白雾状的涡流索。

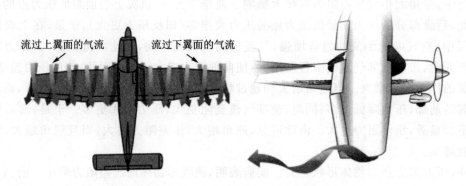

图 2-26　翼尖涡形成的翼尖涡流

2）下洗流和下洗角

由于机翼后缘存在漩涡，漩涡机翼剖面会产生垂直于相对气流方向的诱导速度，诱导速度的指向在机翼翼展长范围内都是向下的，所以称为下洗速度。下洗速度沿翼型的翼弦方向是变化的，为了方便理解，可以将机翼弦向的下洗速度用一个平均下洗速度来代替，表示整个翼型的下洗速度。

正是由于下洗速度的存在，改变了翼型的气流方向，所以使流过翼型的气流向下倾斜。这个向下倾斜的气流称为下洗气流，如图 2-27 所示，用 V' 表示下洗速度；下洗流与相对气流之间的夹角称为下洗角，用 ε 表示；下洗流与翼弦之间的夹角称为有效迎角，用 α_t 表示。

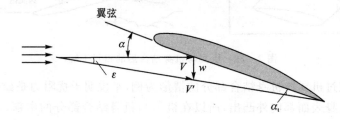

图 2-27　下洗气流和下洗角

3）诱导阻力的产生

当气流流过机翼时，如果没有下洗，则作用在机翼上的升力是垂直于相对气流 V 的；当有下洗产生时，实际升力应垂直于下洗流 V'。因此，对照没有下洗流的情况来说，实际升力 L' 相对于相对气流的方向向后倾斜了一个角度 ε，如图 2-28 所示。实际升力 L' 对固定翼无人机的运动起着两个作用：一是垂直于相对气流方向的分力 L 起着升力的作用；二是平行于相对气流方向的分力起着阻碍无人机前行的作用，这个阻力就是诱导阻力 D。

诱导阻力主要受到机翼形状、展弦比、升力、飞行速度的影响。椭圆翼型的诱导阻力最小。在平直飞行中，诱导阻力与飞行速度的平方成反比。

3. 阻力公式

阻力和升力都是空气动力，影响升力变化的因素也同样影响着阻力的变化。飞行速度和空气密度增大，都会引起阻力增加，这和它们对升力的影响是一样的。机翼面积大，产生阻力的地方就多，所以阻力也大。迎角增加，机翼和固定翼无人机其他部分后部的涡流增多，这会导致阻力加大。特别是超过临界迎角以后，机翼后部的涡流显著增多，压差阻力将迅速变大。

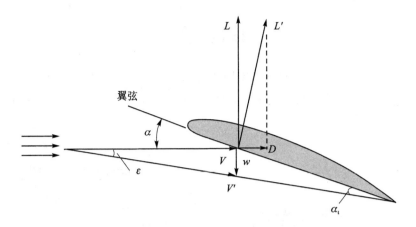

图 2 - 28　诱导阻力产生的原理

阻力的大小还与固定翼无人机的外形和表面光洁度有关,表面光洁度越好,阻力越小;如果固定翼无人机的表面变得不光洁了,空气与固定翼无人机的摩擦就会加剧,摩擦阻力也就增大。如果固定翼无人机外形改变了,空气不能顺利地流过,产生的涡流就会增多,压差阻力随之加大。

上述影响阻力大小的因素与阻力的关系,可用阻力公式表示如下:

$$D = C_D \cdot \frac{1}{2}\rho v^2 \cdot S \qquad (2-13)$$

式中:D——固定翼无人机阻力;

　　C_D——阻力系数;

　　S——机翼的有效投影面积。

影响阻力系数 C_D 的因素有:迎角、固定翼无人机的外形、固定翼无人机表面光洁度和密封性等。

4. 减小阻力的措施

(1) 保持机体表面光洁

机体表面的光滑、清洁程度对摩擦阻力的影响很大。实验表明,如果机体的表面凸凹不平达到 0.01~0.15 mm(相当于一根头发丝粗的 1/7),那么这块面积上的摩擦阻力就会增大 10%~15%。日常使用时,应及时擦拭固定翼无人机表面,保持表面清洁,保证机体表面没有污物、划伤、凹陷或凸起。

(2) 保持机体的外形完好

固定翼无人机的流线形外形,包括各整流罩和整流片,都是为了减小压差阻力的(干扰阻力实质也是压差阻力),因此,必须保持好它们的外形;否则,将会引起局部气流分离,产生涡流,增大压差阻力,影响固定翼无人机的飞行性能。

(3) 保持固定翼无人机的密封性

及时检查设备舱连接处的密封装置,如橡皮垫子、橡皮套等,使它们经常处于良好状态。

知识点总结

本章主要介绍了飞行环境中的空气流场的概念、连续性定理、伯努利定理,以及固定翼无人机的升力与阻力的产生,带领学生初步了解固定翼无人机飞行相关的基本原理。

本章知识点总结如下:

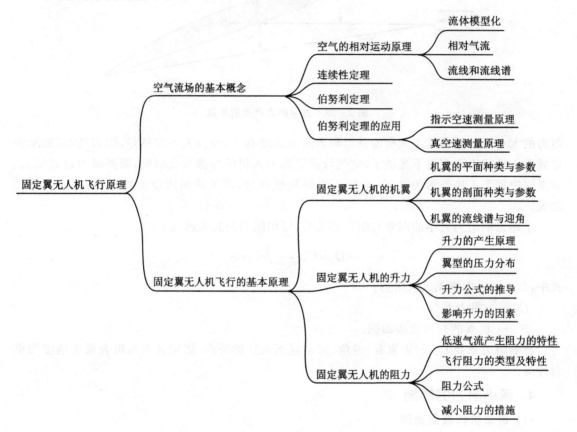

思考题

1. 理想流体具有哪些共同的特点?
2. 如何理解流线和流线谱的概念?
3. 总结连续性定理并归纳连续性方程。
4. 总结伯努利定理以及理解伯努利方程。
5. 机翼的平面种类及参数有哪些?
6. 机翼的剖面种类及参数有哪些?
7. 归纳推理升力公式,并详细分析升力公式各项参数的意义。
8. 描述阻力有哪些分类并分析不同阻力产生的因素。

第3章　固定翼无人机的飞行性能

随着无人机行业的不断发展,各式各样的无人机出现在我们的视野中。无人机之所以能够翱翔于天空,当然离不开无人机的飞行性能,本章以固定翼无人机为例,阐述其飞行性能。

本章主要介绍固定翼无人机的平衡、稳定性、操纵性、基本飞行性能,以及无人机起飞和着陆性能。本章内容重在带领学生深入学习无人机飞行原理,了解无人机的飞行性能,并能够在专业知识层面不断提高自己。

本章相关学习内容可借助"远洋云课堂"教学平台,具体教学素材请扫描二维码。

3.1　无人机的重心、坐标轴和力矩

本节重点阐述无人机的重心、坐标轴以及力矩,通过本节的学习,希望同学们对无人机有宏观认识,并为后续内容的学习奠定基础。

3.1.1　无人机的重心

1. 重　心

重力 W 是地球对物体的吸引力。无人机的重力是地球对无人机的各部分吸引力的合力。无人机重力的着力点,叫作无人机的重心。重心着力点所在的位置,叫作重心位置,如图 3-1 所示。

无人机的重心位置与无人机的载荷有关,与无人机的飞行状态无关,当载荷及布局发生改变时,无人机的重心就要发生改变。重心的移动规律是:重心向载重增加的方向移动,向减重的反方向移动。比如,无人机的前部载重增加,重心要向前移动;若前部载重减少,则重心向后移动。在飞行中,收、放起落架,药液、种子的消耗等,都会改变无人机的载重,从而使无人机的重心位置发生改变。

2. 无人机的附加升力与无人机的焦点

当无人机受到外界扰动使无人机迎角增大时,机翼上就会产生一个附加升力 $L_翼$;同时,水平尾翼的迎角也随之增大,水平尾翼上会产生一个向上的附加升力 $L_尾$;无人机机翼和尾翼产生的总附加升力 $L_总$ 在无人机上的着力点称为无人机的焦点,如图 3-2 所示。

3. 重心与焦点的关系

无人机的焦点通常位于无人机的重心之后。俯仰稳定性会受到重心位置的影响。焦点位于重心之后是无人机产生俯仰稳定力矩(也称安定力矩)的条件。

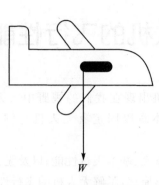

图 3－1　无人机的重心

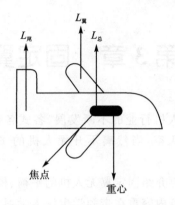

图 3－2　焦点与附加升力

3.1.2　无人机的机体坐标系

1. 坐标系

描述无人机的空间位置、运动轨迹、气动力和力矩等向量时,需要采用相应的坐标系。常用的坐标系有地面坐标系、机体坐标系、气流坐标系和航迹坐标系等。我们选用机体坐标系来研究无人机的运动规律。

无人机在空中绕着旋转轴的转动可以归纳为三种情况:机头上仰或下俯——俯仰转动;机体向左倾斜或向右倾斜——左右滚转;机头向左偏转或向右偏转——左右偏转。

无人机的转动围绕通过无人机重心的三根互相垂直的轴,组成了无人机机体坐标系,即纵轴 X、立轴 Y 和横轴 Z,如图 3－3 所示。

飞行中无人机姿态的改变都是绕着以上三个轴中的一个或多个转动的,无人机绕机体纵轴的转动,称为滚转运动;无人机绕机体立轴的转动,称为偏航运动;无人机绕机体横轴的转动,称为俯仰运动,如图 3－4 所示。

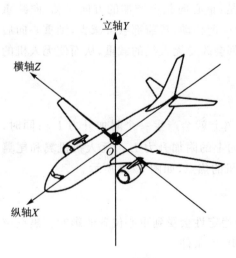

图 3－3　机体坐标系

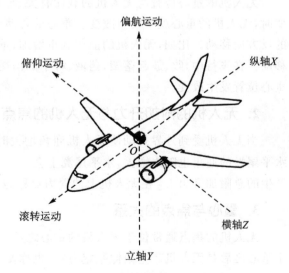

图 3－4　机体轴及对应的转动

2. 无人机空中运动的自由度

无人机沿重心移动的自由度有 3 个,即沿 X 轴、Y 轴、Z 轴的平移,如图 3-3 所示;机体绕重心转动的自由度也有 3 个,分别是绕 X 轴的滚转运动、绕 Y 轴的偏航运动和绕 Z 轴的俯仰运动,如图 3-5 所示。这样无人机在空中运动的自由度就有 6 个。

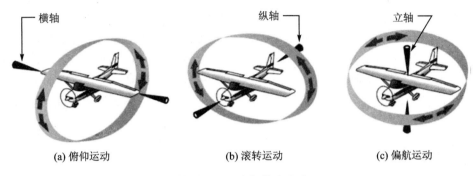

(a) 俯仰运动　　　　　　　(b) 滚转运动　　　　　　　(c) 偏航运动

图 3-5　无人机的自由度

3.1.3　力　矩

力矩是表示力对物体作用时所产生的转动效应的物理量。力和力臂的乘积为力矩。力矩是矢量。力对某一点的力矩,等于该点到力的作用线所引垂线的长度(即力臂)乘以力的大小,其方向则垂直于垂线和力所构成的平面,用右手螺旋法则来确定。力对某一轴线力矩的大小,等于力对轴上任一点的力矩在轴线上的投影。国际单位制中,力矩的单位是牛顿·米,常用的单位还有千克力·米等。力矩能使物体获得角加速度,并可使物体的动量矩发生改变,对同一物体来说,力矩越大,转动状态就越容易改变。

把作用在无人机上的力矩沿机体的三个坐标轴进行分解,得到三个力矩分量,即俯仰力矩、偏航力矩和滚转力矩。

1. 俯仰力矩

俯仰力矩也称为纵向力矩,它的作用是使无人机绕横轴做抬头或低头的转动。升降舵向上偏转,将引起正的俯仰力矩,使无人机抬头;升降舵向下偏转,将引起负的俯仰力矩,使无人机低头。

2. 偏航力矩

偏航力矩的作用是使无人机绕立轴做旋转运动。方向舵向左偏,将引起正的偏航力矩,使无人机向左偏;方向舵向右偏,将引起负的偏航力矩,使无人机向右偏转。

3. 滚转力矩

滚转力矩也称为倾斜力矩,它的作用是使无人机绕纵轴做滚转运动。副翼的偏转,改变了左、右机翼上的升力,从而产生无人机绕纵轴转动的滚转力矩。由于副翼偏转角正向定义(右副翼向下偏转,左副翼向上偏转)的缘故,副翼的正偏转角将引起负的滚转力矩,使其向左滚转。

3.2 固定翼无人机的平衡

3.2.1 定 义

固定翼无人机的平衡是指作用于固定翼无人机各力之和为零,各力对重心所产生的力矩之和也为零。固定翼无人机处于平衡状态时,飞行速度的大小和方向都保持不变,也不绕重心转动;反之,固定翼无人机处于不平衡状态时,飞行速度的大小和方向将发生变化,并绕重心转动。固定翼无人机能否自动保持平衡状态,是稳定性的问题。如何改变其原有的平衡状态,则是操纵性的问题。因此,研究固定翼无人机的平衡,是分析固定翼无人机稳定性和操纵性的基础。

3.2.2 俯仰平衡

1. 俯仰平衡的原理

俯仰平衡是指作用于固定翼无人机的上仰力矩、下俯力矩都相等(互相平衡)。固定翼无人机达到俯仰平衡后,迎角保持不变,不绕横轴运动。

飞行中,机翼升力($L_\text{翼}$)通常作用在固定翼无人机重心的后面,形成下俯力矩($M_\text{翼}$),表达式为

$$M_\text{翼} = L_\text{翼}\, l_\text{翼}$$

式中 $l_\text{翼}$ 为机翼压力中心到固定翼无人机重心的距离(力臂)。

在中等迎角以下,流过机翼后的气流会产生一定程度的下洗,所以水平尾翼(简称平尾)一般产生负升力。它对固定翼无人机重心所形成的力矩称为上仰力矩($M_\text{尾}$),表达式为

$$M_\text{尾} = L_\text{尾}\, l_\text{尾}$$

式中 $l_\text{尾}$ 为水平尾翼压力中心到固定翼无人机重心的距离(力臂)。

飞行中,想要保持固定翼无人机的俯仰平衡,必须使下俯力矩和上仰力矩相等(如图3-6所示)。

表达式为

$$L_\text{翼}\, l_\text{翼} = L_\text{翼}\, l_\text{翼}$$

即下俯力矩=上仰力矩。

水平尾翼虽然面积不大,升力很小,但是它距固定翼无人机重心很远,力臂很长,所以力矩很大。这也就是水平尾翼为什么能够使固定翼无人机产生俯仰运动的原因。

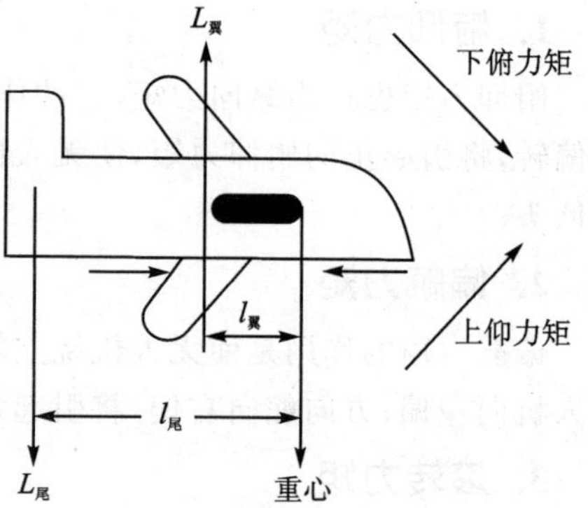

图 3-6 固定翼无人机的俯仰平衡

2. 俯仰平衡的影响因素

影响俯仰平衡最重要的因素是俯仰力矩,而机翼和平尾的俯仰力矩各等于它们所产生的升力乘以各自升力到重心的力臂。所以,凡是影响机翼和平尾升力的因素也都是影响机翼和平尾俯仰力矩的因素。此外,固定翼无人机重心位置的前后移动也会影响机翼和平尾的俯仰力矩的大小。下面介绍影响俯仰力矩的因素。

① 迎角。迎角越大,机翼和平尾升力系数就会越大;升力越大,机翼和平尾俯仰力矩就会越大。

② 翼型。机翼和平尾翼型产生变化时,升力系数发生变化,俯仰力矩也会发生变化。

③ 飞行马赫数。在超过临界马赫数后,飞行马赫数加大,机翼局部激波会不断向后发展,机翼升力系数就会加大,并且压力中心后移,这样就会使得升力和升力到重心的力臂都加大,机翼下俯力矩也会加大。

④ 重心位置。固定翼无人机重心位置后移,机翼下俯力矩就会减小,平尾上仰力矩也减小。但是由于重心距离平尾较远,重心后移一段较小距离,对平尾上仰力矩几乎不会产生影响,上仰力矩减小不多,而重心距离机翼压力中心很近,重心后移一段较小距离,对机翼会造成很大的力矩变化。

俯仰平衡

⑤ 空气密度、机翼面积、飞行速度。机翼面积、空气密度、飞行速度越大,则机翼和平尾俯仰力矩越大。它们对机翼和平尾俯仰力矩的影响完全一样。

3.2.3　方向平衡

1. 方向平衡的原理

固定翼无人机飞行中,两边机翼阻力产生的偏转力矩和垂直尾翼侧向力产生的偏转力矩可以使机头产生左、右偏转的力矩。假如作用在固定翼无人机上的右偏力矩和左偏力矩相等,那么固定翼无人机就会保持方向平衡;如果不相等,机头就会产生偏转。

在正常条件下,左、右机翼产生的阻力大小相等,且力臂相同,在垂直尾翼上也没有侧向力的作用(如图 3-7 所示),这时固定翼无人机自动保持方向平衡。

表达式为

$$D_左 l_左 = D_右 l_右$$

即左偏力矩＝右偏力矩。式中 $l_左$、$l_右$ 分别表示左边和右边机翼阻力作用线至重心的垂直距离。

平衡和不平衡是可以转化的。如果机翼变形使两翼的阻力不相等,或者垂直安定面和方向舵变形使得垂直尾翼产生侧向力进而改变了固定翼无人机各偏转力矩之间的平衡关系,则固定翼无人机的方向平衡就会被破坏。

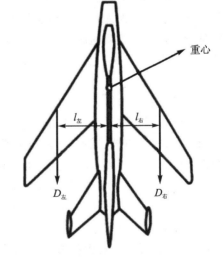

图 3-7　固定翼无人机的方向平衡

固定翼无人机的方向平衡被破坏以后,在偏转力矩作用下,机头将会向左或向右偏转,而固定翼无人机由于具有很大运动惯性,将沿着原来的方向飞行,这时,相对气流就会从侧前方吹来。凡是相对气流从侧前方吹来的飞行状态,就叫作侧滑。当机头向左偏转时,气流从机头右前方吹来,叫作右侧滑;反之,机头向右偏转时,气流从机头左前方吹来,叫作左侧滑,如图 3-8 所示。相对气流方向和对称面之间的夹角(β),叫作侧滑角。

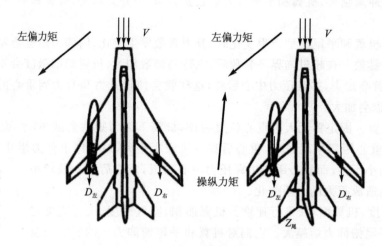

图 3 - 8 方向平衡问题

固定翼无人机的方向平衡被破坏以后将出现侧滑。侧滑是固定翼无人机方向不平衡的一种表现。固定翼无人机允许在一定条件下出现一定程度的侧滑,但自动侧滑超出了规定,则称为侧滑故障。

2. 方向舵保持方向平衡的原理

当固定翼无人机在飞行中产生了方向不平衡,出现侧滑时,我们可以偏转方向舵,以消除侧滑,保持固定翼无人机的方向平衡。

下面以固定翼无人机右侧重量较大为例,阐述方向舵的方向平衡作用。固定翼无人机右侧重量较大,重心右移,这时 $l_右 < l_左$。但是,由于右侧机翼的阻力远大于左侧机翼的阻力,因此,$D_右 l_右$ 还是大于 $D_左 l_左$,此时,固定翼无人机将要产生向右的偏转,即出现左侧滑。表达式为

$$D_右 l_右 > D_左 l_左$$

即右偏力矩>左偏力矩。

为了维持固定翼无人机的方向平衡,应该左打方向舵。此刻,相对气流流过垂直尾翼左侧,受到方向舵的阻挡,流速减慢,压力增大,而垂直尾翼右侧则压力减小。如此,在垂直尾翼上形成一个向右的侧力($Z_尾$),此力对固定翼无人机的重心形成一个左偏力矩,这样就可以使其左、右偏转力矩重新相等,保证了方向平衡。表达式为

$$D_右 l_右 = D_左 l_左 + Z_尾 l_尾$$

即总的右偏力矩=总的左偏力矩。

由此可见,方向舵有保持方向平衡的作用,可以防止出现侧滑。

方向平衡

3.2.4 横向平衡

1. 横向平衡原理

横向平衡是指作用于固定翼无人机各滚转力矩互相平衡,也就是迫使固定翼无人机向右滚转的力矩($L_左 l_左$)和向左滚转的力矩($L_右 l_右$)彼此相等,如图 3 - 9 所示。这样,固定翼无人机就不绕纵轴滚转,既不向左倾斜,也不向右倾斜。

表达式为

$$L_{左}\, l_{左} = L_{右}\, l_{右}$$

即左滚力矩＝右滚力矩。式中 $l_{右}$、$l_{左}$ 分别表示右边和左边机翼升力至重心的垂直距离。

　　固定翼无人机飞行中，出现了自动向一侧倾斜的现象，称为横向不平衡。固定翼无人机自动向右倾斜，叫作有右坡度；固定翼无人机自动向左倾斜，叫作有左坡度。

　　固定翼无人机出现横向不平衡的原因主要是由于机翼变形，两侧机翼不对称，造成左、右机翼升力不对称或左、右机翼升力到重心的力臂不等，使右滚力矩与左滚力矩不平衡，其自动出现倾斜。固定翼无人机允许在一定条件下出现一定程度的自动倾斜，但超出了规定范围，就称为坡度故障。

2. 副翼保持平衡的原理

　　固定翼无人机在飞行中出现了横向不平衡（出现坡度）的现象，可以使副翼偏转，以消除坡度，保持固定翼无人机的横向平衡。我们假设固定翼无人机左、右重力不均衡，其重心向左移动，左、右侧机翼升力到重心的力臂不等，右侧机翼升力到重心的力臂（$l_{右}$）增长，左侧机翼升力到重心的力臂（$l_{左}$）缩短。这样一来 $L_{右}\, l_{右}$ 将大于 $L_{左}\, l_{左}$（固定翼无人机向左滚转，出现左坡度），如图 3－10 所示。表达式为

$$L_{右}\, l_{右} > L_{左}\, l_{左}$$

即右滚力矩＞左滚力矩。

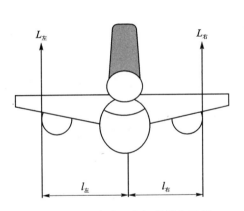

图 3－9　固定翼无人机的横向平衡

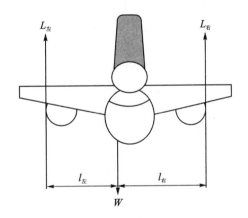

图 3－10　副翼保持平衡的原理

　　为了保持固定翼无人机的横向平衡，这时应该使左边副翼向下偏转，增加左机翼升力，右边副翼向上偏转，减小右机翼升力。这样可以使左滚力矩与右滚力矩相等，保持其横向平衡。

横向平衡

3.3　固定翼无人机的稳定性

　　固定翼无人机的平衡状态会受到各种扰动而发生变化。为了保持其平衡状态，固定翼无人机应具有自动恢复原来平衡状态的特性，即固定翼无人机应具有稳定性。

3.3.1 俯仰稳定性

1. 定 义

固定翼无人机飞行中若受到微小扰动而偏离俯仰平衡状态,在扰动消失以后,不经人员操纵,固定翼无人机能自动恢复原来的俯仰平衡状态,则认为固定翼无人机具有俯仰稳定性,如图3-11所示。固定翼无人机之所以能够自动恢复原来的俯仰平衡状态,是由于迎角变化,产生了俯仰稳定力矩和俯仰阻尼力矩。

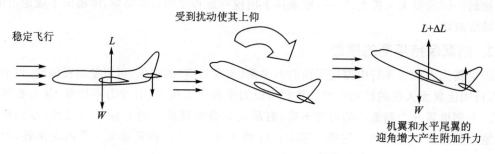

图3-11 固定翼无人机的俯仰稳定性

2. 原 理

(1) 俯仰稳定力矩的产生

当固定翼无人机受到扰动迎角发生变化时,在固定翼无人机上就会产生附加升力。此附加升力的着力点叫作焦点,如图3-12所示。由于迎角改变时,机翼、机身、水平尾翼等部分都会产生附加升力,而水平尾翼的附加升力距重心较远,所以焦点在重心之后。

焦点位于重心之后,当固定翼无人机受到扰动迎角增大时,附加升力($\Delta L_{飞机}$)将对重心形成附加的下俯力矩,即俯仰稳定力矩,使固定翼无人机具有自动恢复原来迎角的趋势,如图3-13(a)所示。当固定翼无人机受到扰动减小迎角时,产生向下的附加升力,对

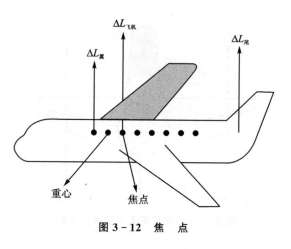

图3-12 焦 点

重心形成俯仰稳定力矩,也使固定翼无人机具有自动恢复原来迎角的趋势,如图3-13(b)所示。当迎角变化时,在焦点上产生一个附加升力,对固定翼无人机重心形成一个恢复其俯仰平衡的力矩,这就是俯仰稳定力矩。所以焦点位于重心之后,是固定翼无人机产生俯仰稳定力矩的条件。

(2) 俯仰阻尼力矩的产生

俯仰阻尼力矩主要是由水平尾翼产生的。如图3-14所示,当机头向上转动、水平尾翼向下运动时,就有一个向上的相对气流流向水平尾翼,速度是Δv,它将产生一个阻止水平尾翼向下运动的力$\Delta L_{尾}$,这个力对重心构成的力矩就是俯仰阻尼力矩。俯仰阻尼力矩的作用是阻止固定翼无人机在恢复俯仰平衡状态过程中绕横轴来回摆动。

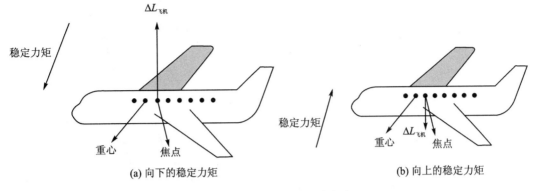

(a) 向下的稳定力矩　　　　　　　　　　(b) 向上的稳定力矩

图 3 - 13　俯仰稳定力矩的产生

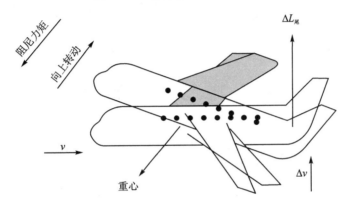

图 3 - 14　俯仰阻尼力矩

3.3.2　方向稳定性

1. 定　义

固定翼无人机飞行中若受到微小扰动而偏离方向平衡状态,在扰动消失之后,不经人员操纵,固定翼无人机能够自动恢复原来的方向平衡状态,则认为固定翼无人机具有方向稳定性。

2. 原　理

(1) 方向稳定力矩的产生

固定翼无人机方向平衡受到破坏就会发生侧滑现象,而方向稳定性主要是在固定翼无人机出现侧滑时由垂尾来保证的。侧滑是相对气流与固定翼无人机对称面不一致时的飞行状态。固定翼无人机产生侧滑时,空气从固定翼无人机侧方吹来,相对气流方向与其对称面之间的夹角称为侧滑角,用 β 表示。相对气流从固定翼无人机左前方吹来称为左侧滑,相对气流从固定翼无人机右前方吹来称为右侧滑,如图 3 - 15 所示。

固定翼无人机原来处于方向平衡状态,当其受到小扰动致使机头向右偏转发生左侧滑时,相对气流从左前方吹向固定翼无人机,气流与垂直尾翼之间就有了夹角,使垂直尾翼上产生向右的附加侧向力 $\Delta Z_{尾}$。该力使固定翼无人机产生左偏力矩以消除侧滑,这样一来固定翼无人机自动趋向恢复与来流方向一致的状态,这个力矩就是方向稳定力矩,如图 3 - 16 所示;反之,固定翼无人机出现右侧滑时,就会产生使其向右偏转的方向稳定力矩。所以,只要存在侧滑,固定翼无人机就会产生方向稳定力矩,使其自动趋向恢复原方向的平衡状态。

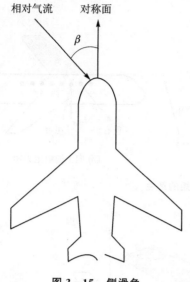

图 3 - 15　侧滑角

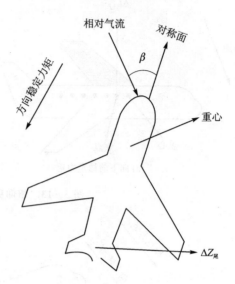

图 3 - 16　方向稳定力矩

(2)方向阻尼力矩的产生

方向稳定力矩只能使固定翼无人机有自动恢复到原方向平衡的趋势,不能使其最终回到原方向平衡。因此固定翼无人机还必须在方向摆动过程中产生方向阻尼力矩,才能使方向摆动逐渐减弱,最终消失。

方向阻尼力矩主要是由垂直尾翼产生的。机头右偏,垂直尾翼会向左运动,产生向右的相对气流速度 Δv,垂直尾翼的实际速度 $v_{尾垂直}$ 从垂直尾翼左前方吹来,在垂直尾翼上形成侧滑角 $\Delta\beta_{尾}$,产生向右的附加侧力 $\Delta Z_{尾}$,对重心产生方向阻尼力矩,阻止机头向右偏转,方向摆动逐渐减弱,如图 3 - 17 所示。

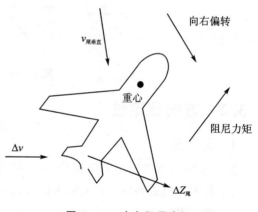

图 3 - 17　方向阻尼力矩

3.3.3　横向稳定性

1. 定　义

固定翼无人机飞行中若受到微小扰动而偏离横向平衡状态,在扰动消失以后,不经人员操纵,固定翼无人机能够自动恢复原来的横向平衡状态,则认为固定翼无人机具有横向稳定性。

2. 原　理

(1)横向稳定力矩的产生

侧滑中由机翼的上反角和后掠角保证了横向稳定力矩。

平飞中固定翼无人机受小扰动发生左倾斜,升力也随之倾斜,升力和重力的合力形成向心力,使其向左侧方做曲线运动,出现左侧滑。相对气流从固定翼无人机左前方吹来,因为上反角的作用,侧滑后吹到机翼上的相对气流与左侧机翼翼弦所形成的迎角增大,升力增大;右侧机翼的迎角减小,升力减小。左右机翼升力之差产生向右的滚转力矩,力图减小或消除倾斜,进而消除侧滑,使固定翼无人机有自动恢复到原横向平衡状态的趋势,这个力矩就是横向稳定力矩,如图 3-18 所示。

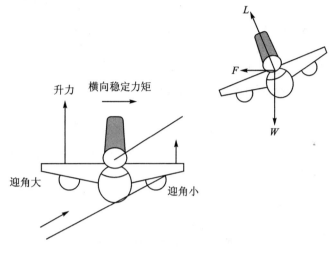

图 3-18　机翼上反角的作用

机翼的后掠角也会产生横向稳定力矩。当固定翼无人机受小扰动向右倾斜而引起右侧滑时,相对气流从其右前方吹来,可分解成与机翼前缘垂直和平行的两个分速度。因为只有垂直于机翼前缘方向的机翼表面是弯曲的,而与机翼前缘平行的方向,机翼表面是平的,所以气流流过机翼表面时,只有垂直于机翼前缘的分速度发生变化才会影响机翼表面的压力分布,从而影响升力大小。平行于机翼前缘的分速度变化不影响升力的大小,在侧滑时,右机翼的垂直有效分速度 v_1 比左侧机翼的垂直有效分速度 v_3 大得多,显然,左机翼的升力小于右机翼的升力。左右机翼升力之差产生向左滚转力矩,力图减小或消除倾斜,使其具有横向稳定性,这个力矩就是横向稳定力矩,如图 3-19 所示。

后掠角越大,其所起的横向稳定作用就越强。如果后掠角很大,就可能导致过分的横向静稳定性,会影响固定翼无人机的动稳定性和滚转机动性,所以通常采用下反角予以缓解。

固定翼无人机的垂直尾翼也会产生横向稳定力矩。固定翼无人机出现侧滑时,在垂直尾翼上就会产生侧力。它不但能为航向提供恢复力矩,而且

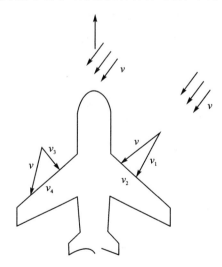

图 3-19　机翼后掠角的作用

由于垂直尾翼一般都装在机身上面,垂直尾翼上产生的附加侧力的作用点在固定翼无人机重

心位置之上,也会对重心形成横向稳定力矩。

（2）横向阻尼力矩的产生

横向阻尼力矩主要是由机翼产生的。固定翼无人机向左滚转,左侧机翼下沉,在左侧机翼上引起向上的相对气流速度 Δv,使左侧机翼实际速度向上倾斜,从而使左侧机翼迎角增大,产生正的附加升力;右侧机翼上扬,在右侧机翼上引起向下的相对气流速度 Δv,使右侧机翼实际速度向下倾斜,从而使右侧机翼迎角减小,产生负的附加升力。左右机翼升力之差,形成向右的横向阻尼力矩,阻止固定翼无人机向左滚转,滚转幅度逐渐减小直至最终停止滚转,如图 3-20 所示。

由以上可知,固定翼无人机在飞行中,只要其绕纵轴滚转,左右机翼迎角就有差别,只要迎角不超过临界迎角,就会产生横向阻尼力矩。

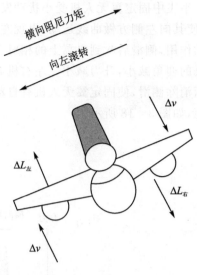

图 3-20　横向阻尼力矩的产生

3.3.4　影响稳定性的因素

固定翼无人机稳定性的强弱一般由摆动衰减时间、摆动幅度、摆动次数来衡量。当其受到扰动后,恢复原来平衡状态时间越短,则摆动幅度越小,摆动次数越少,固定翼无人机的稳定性就越强。固定翼无人机稳定性的强弱,主要取决于它的重心位置、飞行速度、飞行高度和迎角的变化。

1. 重心位置对固定翼无人机稳定性的影响

固定翼无人机的纵向稳定性主要取决于其重心和焦点的位置。重心位置越靠前,重心到焦点的距离越远,固定翼无人机受扰动后,所产生的俯仰稳定力矩越大,固定翼无人机的俯仰稳定性就越强。但是重心越靠前,固定翼无人机的配平阻力就越大,为维持其平衡,要求机翼产生更大的升力。重心位置越靠后,所产生的稳定力矩小,即稳定性越差,甚至有可能变为不稳定。

重心位置越靠前,固定翼无人机的方向稳定性越强,但增强得不明显,因为重心到垂尾侧力作用点的距离比重心到焦点的距离大得多,所以,重心位置移动对方向稳定性影响较小。重心位置前后移动,不影响横向稳定性,因为重心位置前后移动不影响固定翼无人机滚转力矩的大小。

如果固定翼无人机重心逐渐向后移动,那么将削弱其纵向稳定性,甚至变为不稳定。所以在配置固定翼无人机时,应当注意妥善安排各项载重的位置,勿使其重心后移过多,以保证重心在所要求的范围之内。

2. 速度变化对固定翼无人机稳定性的影响

固定翼无人机摆动衰减时间的长短,主要取决于其阻尼力矩的大小,阻尼力矩越大,摆动消失得越快,固定翼无人机恢复原平衡状态越迅速。在同一高度上,固定翼无人机所产生的阻尼力矩与速度成正比,速度越大,阻尼力矩越大,迫使其摆动迅速消失,因而固定翼无人机稳定性增强;反之,速度越小,稳定性越弱。

3. 高度变化对固定翼无人机稳定性的影响

高度升高,空气密度变小,固定翼无人机的阻尼力矩减小,固定翼无人机摆动的衰减时间增长,稳定性减弱。

4. 大迎角飞行对固定翼无人机稳定性的影响

以接近临界迎角的大迎角飞行时,因固定翼无人机的横向阻尼力矩的方向可能发生变化,所以,固定翼无人机可能会失去横向稳定性。

3.4　固定翼无人机的操纵性

固定翼无人机在操纵杆、舵的情况下改变其飞行状态的特性,叫作固定翼无人机的操纵性。本节将研究固定翼无人机的俯仰操纵性、横向操纵性和方向操纵性。

3.4.1　俯仰操纵性

1. 定　义

固定翼无人机的俯仰操纵性,就是在偏转升降舵之后,固定翼无人机绕横轴转动而改变其迎角、速度等飞行状态的特性。

在平飞中,固定翼无人机的升力与重力必须相等,所以随着飞行速度的改变,需要相应地改变迎角以保持升力不变。飞行速度减慢,升力随之减小,为保持平飞,必须相应地增大迎角,以增大升力来保持与重力相等;飞行速度加快,升力随之增大,为保持平飞,就必须相应地减小迎角,以减小升力来保持与重力相等。可见,一个平飞速度对应一个迎角。

2. 原　理

平飞中,固定翼无人机处于力矩平衡状态。由于飞行速度降低,操作人员向后拉一点杆,升降舵向上偏转一个角度,于是水平尾翼的形状发生变化,水平尾翼就产生了一个向下的空气动力$\Delta L_{尾}$,对固定翼无人机重心构成一个上仰力矩,迫使机头上仰,增大迎角,如图 3-21 所示。由于固定翼无人机迎角增大,于是水平尾翼迎角也增大,在水平尾翼上便产生一向上的空气动力($\Delta L_{尾}$),对固定翼无人机重心构成一个下俯力矩。其方向同操纵力矩的方向相反。随着迎角的增大,下俯力矩也增大。当迎角增大到某个值时,上仰力矩和下俯力矩相等,固定翼

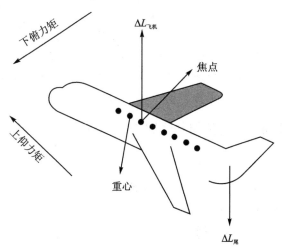

图 3-21　俯仰操纵

无人机的俯仰力矩重新取得平衡,固定翼无人机停止转动,并保持比原来大的迎角。

在迎角增大的过程中,虽然固定翼无人机有了附加升力,但由于平飞速度减小,所以总升

力仍能保持不变。相反,要增大飞行速度,操作人员需适量前推杆,偏转升降舵使升降舵下偏一个角度,使迎角减小。

3.4.2 横向操纵性

1. 定 义

固定翼无人机的横向操纵性,就是在操作人员操纵副翼以后,固定翼无人机绕纵轴滚转,改变滚转角速度和坡度等飞行状态的特性。

2. 原 理

在某一飞行速度下,操作人员操纵左副翼上偏、右副翼向下偏转,固定翼无人机因左、右两翼升力之差形成横向操纵力矩而向左滚转。在滚转中,只要没有侧滑,就不会有稳定力矩产生,只有横向阻尼力矩。滚转越快,阻尼力矩越大。当横向操纵力矩与横向阻尼力矩相等时,固定翼无人机就做等速滚转。偏转副翼越多,等速滚转的角速度也越大,如图 3-22 所示。

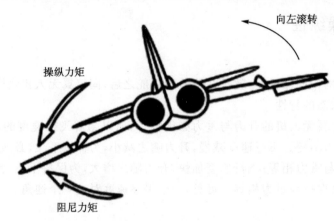

图 3-22 横向操纵

如果操作人员要保持一定的坡度飞行,就应该在固定翼无人机滚转到达预定坡度以前,提前使副翼回到中立位置,这样横向操纵力矩即消失。在横向阻尼力矩作用下,固定翼无人机绕纵轴的滚转角速度迅速减小,在到达预定坡度时,滚转角速度减小为零,固定翼无人机即可保持一定坡度飞行。

3.4.3 方向操纵性

1. 定 义

固定翼无人机的方向操纵性,就是操纵方向舵使固定翼无人机绕立轴偏转,改变侧滑角等飞行状态的特性。

2. 原 理

操纵方向舵改变侧滑角与操纵升降舵改变迎角的道理是相同的。例如,在无侧滑的直线飞行中,如果向左打方向舵,则方向舵向左偏一个角度,垂直尾翼上产生向右的侧力($\Delta Z_{尾}$),对固定翼无人机重心构成一个使其向左偏转的方向操纵力矩。在方向操纵力矩作用下,固定翼无人机将向左偏转,出现右侧滑。出现右侧滑的同时固定翼无人机产生向右的方向安定力矩,且随侧滑角的增大而逐渐增大。当方向稳定力矩增大到与方向操纵力矩相等时,固定翼无人机就保持侧滑角不变,如图 3 - 23 所示。

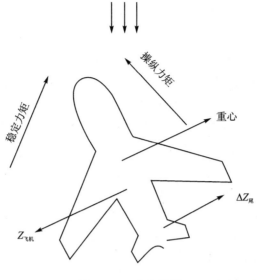

图 3 - 23　方向操纵

如果舵量增大,方向操纵力矩增大,固定翼无人机就保持较大的侧滑角飞行。所以平飞中,一个方向舵的偏转角对应一个侧滑角。

3.4.4　影响操纵性的因素

固定翼无人机的操纵性不是一成不变的,它要受到许多因素的制约。影响固定翼无人机操纵性的因素有其重心位置的前后移动、飞行的速度、飞行高度、迎角等。

1. 重心位置前后移动对操纵性的影响和重心的前后极限位置

重心位置的前后移动,会引起平飞中升降舵偏转角和杆力发生变化。重心前移,俯仰稳定性增强,导致固定翼无人机杆位移和杆力增大,俯仰操纵性变差;重心后移,导致杆位移和杆力减小,俯仰操纵性变好,而稳定性变差。为了保证固定翼无人机足够的稳定性和良好的操纵性,必须对其重心的变化范围加以限制。固定翼无人机重心的变化范围用重心前限和重心后限来确定。

重心前限是指允许固定翼无人机重心最靠前的位置。重心前移,重心到焦点的距离增加,俯仰稳定力矩增大,俯仰稳定性增强,使改变固定翼无人机原来飞行状态所需要的操纵力矩增大,从而导致操纵固定翼无人机所需要的舵偏角和驾驶杆力增大,固定翼无人机反应过于迟钝,操纵性变差。对于直线飞行,每一个舵偏角对应一个迎角,如果其重心过于靠前,则增大同样的迎角,机翼产生的低头力矩过大,所要求的舵面偏转角增大,有可能超出设计的允许值。

重心后限是指固定翼无人机重心最靠后的位置。其重心位置后移,固定翼无人机俯仰稳定性变差。由于固定翼无人机所产生的俯仰稳定力矩很小,使改变原飞行状态所需的俯仰操纵力矩减小,所需要的舵偏角和驾驶杆力减小。操作人员稍微改变舵量,固定翼无人机的迎角和升力就会变化很多,固定翼无人机对操纵的反应过于灵敏,操作人员不易掌握操纵分寸,难以对其进行精确的操纵,一旦重心后移到焦点之后,固定翼无人机会失去俯仰稳定性,将呈现动不稳定性。为保证固定翼无人机具有一定的俯仰稳定性和操纵灵敏度,对其重心最靠后的位置进行了限制。重心后限应在焦点之前,留有一定安全余量。

所以为了保证固定翼无人机具有合适的稳定性和操纵性,其重心位置不应超过前限和后限,而应在前、后限规定的范围内。

固定翼无人机重心位置的左右移动也有严格的限制,以保证它的横向操纵性。例如固定翼无人机重心位置偏右,相当于增加了一个向右的滚转力矩,要保持横向平衡,操作人员要经常向左压副翼。这样既增大了操作人员的工作负荷,而且操纵杆向左活动的行程减小,限制了左滚转的能力。因此,固定翼无人机重心左右移动的范围,同样有严格的限制。

2. 飞行速度对操纵性的影响

在俯仰和方向操纵性方面,以杆、舵行程相同作比较。在飞行速度比较大的情况下,同样大的舵偏角,产生的操纵力矩大,角速度自然也大。因此,固定翼无人机达到与此舵偏角相对应的平衡迎角或侧滑角所需的时间就比较短。在横向操纵性方面,如果副翼转角相同,则飞行速度大,横向操纵力矩大,角速度也大;于是,固定翼无人机达到相同坡度的时间短。总之,飞行速度小,固定翼无人机反应慢,操纵性差;飞行速度大,固定翼无人机反应快,操纵性好。

3. 飞行高度对操纵性的影响

如果在不同的高度保持平飞,则因高度升高、动压减小,各平飞真速(真实空速)所对应的迎角普遍增大。操作人员为保持杆、舵在一定位置所需的力量减轻。另外,若保持同一真速在不同高度飞行,高度升高,空气密度降低,舵面偏转同样角度,高空产生的操纵力矩小,角加速度随之减小,固定翼无人机达到对应的迎角、侧滑角或坡度所需的时间变长,也就是说固定翼无人机反应变慢。总之,高空飞行有杆、舵变轻,反应迟缓的现象。

4. 迎角对横向操纵性的影响

迎角增大,特别是在大迎角时横向操纵性变差,甚至出现横向反操纵现象。例如,操作人员向左压副翼,无人机向左滚转,产生左侧滑,出现横向稳定力矩,试图阻止左滚;同时,因为右副翼下偏,左副翼上偏,右侧机翼阻力大于左侧机翼阻力致左侧滑进一步加剧,无人机右滚的横向稳定力矩加大,进一步制止无人机向左滚转,从而削弱副翼作用。

3.5 固定翼无人机的基本飞行性能

固定翼无人机的基本飞行性能也称为稳定飞行性能。它主要包括平飞性能、上升性能和下滑性能。

3.5.1 平飞性能分析

固定翼无人机做等高等速的直线运动,称为平飞。

固定翼无人机保持平飞,就是保持飞行高度和速度不变的直线飞行。固定翼无人机能否保持平飞,主要取决于固定翼无人机的各力和力矩能否平衡。这些力为:升力(L)、阻力(D)、推力(P)和重力(W),如图 3-24 所示。直接引起飞行高度发生变化的是升力和重力,直接引起飞行速度发生变化的是推力和阻力。为了保持飞行速度不变,就需要推力与阻力平衡;为了

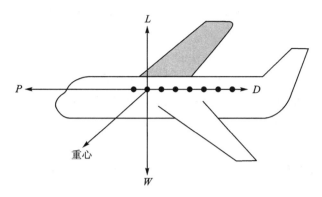

图 3－24　平飞受力分析

保持飞行高度不变,就需要升力与重力平衡。这两个方面都是保持等速平飞不可或缺的条件。表达式为

$$L = W \quad (\text{保持平飞高度})$$
$$P = D \quad (\text{保持平飞速度})$$

平飞性能分析

　　为保持上述各力矩平衡,四个力绕重心的力矩也需取得平衡。如果各力矩不平衡,各力的平衡关系也就无法保持。

3.5.2　上升性能分析

　　固定翼无人机做等速向上的直线运动称为上升。上升是固定翼无人机取得高度的基本方法。在战斗或比赛中,为了取得高度优势就需要上升。固定翼无人机的上升角有大有小,上升角是固定翼无人机上升的飞行路线与水平线之间的夹角。

　　在上升过程中,作用于固定翼无人机的力与平飞相同,有升力 L、阻力 D、推力 P 和重力 W,如图 3－25 所示。

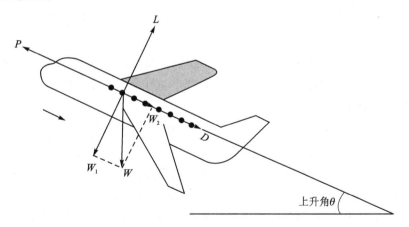

图 3－25　上升受力分析

　　固定翼无人机上升时,重力不垂直于运动方向,重力可以分解成两个分力:一个分力垂直于固定翼无人机的运动方向(W_1),一个分力平行于固定无人机的运动方向(W_2)。平行于运动方向的重力分力和空气阻力一起阻碍着固定翼无人机前进。为了保持固定翼无人机速度不变,要求推力或拉力 P 与阻力 D、重力第二分力 W_2 之和相等;为了保持固定翼无人机沿倾斜

直线飞行,要保持上升角不变,要求升力 L 与重力第一分力 W_1 相等。所以,固定翼无人机保持上升的条件如下:

$$P = W_2 + D \quad (保持等速)$$
$$L = W_1 \quad (保持直线)$$

固定翼无人机上升的速度和高度取决于固定翼无人机上升性能的好坏。固定翼无人机上升的快慢是指在单位时间内所能增加的高度,通常用"上升率 V_y"表示,单位是(m/s 或 m/mim)。

2. 上升角与上升率

(1)上升角

上升角是指固定翼无人机上升飞行路线与水平线之间的夹角。上升角越大,代表经过同样的水平距离上升的高度越高。

(2)上升率

上升率是指固定翼无人机(或无人直升机、多旋翼无人机)在单位时间内上升的垂直距离。上升率越大,代表无人机上升越快,能迅速取得高度优势。通常用最大上升率来表示无人机的上升性能。

3. 升　限

(1)理论升限

由于固定翼无人机的飞行高度越高,其可用推力越小,剩余推力越小,所以上升率也越小。固定翼无人机上升到某一高度时,由于剩余推力没有了,上升率势必减小到零。此时,固定翼无人机不可能再继续上升。这个上升率为零的高度叫作理论上升限度,简称理论升限。

理论升限是指固定翼无人机在给定的重量和发动机在最大油门状态下稳定上升,上升率减小到零时的飞行高度。

(2)实用升限

实用升限是指固定翼无人机稳定上升,最大上升率减小到某一数值时的飞行高度。

(3)动升限

动升限是指固定翼无人机在保证不失去稳定性、操纵性的条件下,从稍低于静升限的某高度,用最大速度进入跃升所能达到的最大飞行高度。动升限高于静升限。

4. 影响上升性能的因素

影响上升性能的主要因素有大气温度和维护质量。

有时操作人员会感觉固定翼无人机爬不到升限高度,这种现象就是由于气温变化造成的。随着气温的增高,固定翼无人机的上升率以及升限都要降低。这是因为气温增高以后,空气密度降低,同时动力系统增压比减小,动力系统可用推力下降。

固定翼无人机维护质量的好坏,直接影响到其上升性能的好坏。固定翼无人机维护得不好,阻力就会增加,保持同一速度飞行所需要的推力就要增加;动力系统维护得不好,可用推力就要降低,剩余推力减小,从而引起最大上升率和上升限度降低。

3.5.3　下滑性能分析

固定翼无人机沿小角度向下的轨迹所做的等速直线飞行称为下滑。下滑通常是指等速的稳定下滑,也指下滑着陆中的减速下滑。固定翼无人机着陆前,都要经过一段下滑飞行,目的是逐渐降低高度接近地面。下滑是固定翼无人机降低高度的基本方法。

1. 下滑的条件

下滑时,推力(拉力)很小,可近似认为推力等于零。下滑时,作用在固定翼无人机的力有升力、阻力和重力,如图 3-26 所示。重力可分解为沿下滑方向的分力(W_2)和垂直于固定翼无人机的下滑方向并与升力方向相反的分力(W_1)。为了保持等速飞行,重力第二分力 W_2 应与阻力 D 相等;为了保持直线飞行,升力 L 应与重力第一分力 W_1 相等。

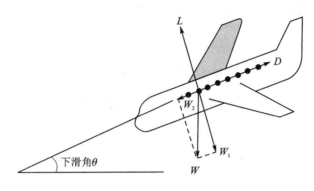

图 3-26　下滑受力分析

表达式为

$$D = W_2 \quad (保持下滑速度)$$
$$L = W_1 \quad (保持直线运动)$$

2. 下滑性能

固定翼无人机的下滑性能主要包括最小下滑角和最大下滑距离。

(1) 下滑角与升阻比

下滑飞行路线与水平线之间的夹角称为下滑角,用 θ 表示。

从下滑过程中力的平衡关系可以看出,既然升力和阻力分别与重力的分力 W_1 和 W_2 相等,那么,升力与阻力之比(即升阻比),也就是重力的分力 W_1 与 W_2 之比。

升阻比越大,重力的分力 W_1 与 W_2 之比也越大,这时的下滑角就越小。由此可见,升阻比与下滑角 θ 成反比,即升阻比越大,下滑角就越小。下滑时,用有利迎角下滑,升阻比最大,下滑角最小。

(2) 下滑距离

固定翼无人机从一定高度开始下滑,降到某一高度所经过的水平距离称为下滑距离,用 $L_{下滑}$ 表示。

若下滑角相同,下滑高度越多,则下滑距离越长;若下滑高度相同,下滑角越小,则下滑距离越长,如图 3-27 所示。下滑角的大小是由升阻比所决定的。升阻比越大,下滑角越小。可以得出,下滑高度和升阻比是由下滑距离的长短决定的。以有利迎角下滑,升阻比最大,下滑角最小,故下滑距离最长。放置襟翼和起落架后,升阻比减小,下滑距离缩短。

3. 滑　翔

固定翼无人机在动力停止后(无动力)靠自身重力的下滑飞行,称为滑翔,如图 3-28 所

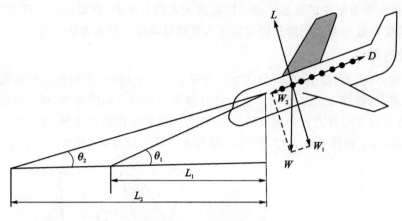

图 3 - 27　下滑距离分析

示。固定翼无人机无动力后,下滑角增大,下滑距离比稳定下滑的距离长。

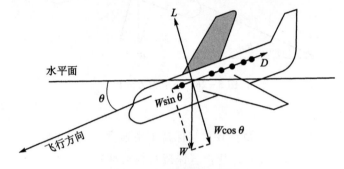

图 3 - 28　滑翔受力分析

4. 俯　冲

俯冲是固定翼无人机沿着较陡的倾斜轨迹做加速直线下降的飞行。俯冲的飞行轨迹与地面的夹角称为俯冲角,通常为 30°~90°。固定翼无人机以稍小于 30° 的俯冲角对地面、水面目标的攻击,也称为俯冲,如图 3 - 29 所示。

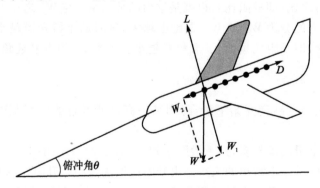

图 3 - 29　俯冲受力分析

3.6　固定翼无人机的起飞和着陆性能

固定翼无人机任何一次飞行都离不开起飞和着陆,所以无人机起飞、着陆的性能会影响作业、训练任务的完成及飞行安全。操作人员了解固定翼无人机的起飞、着陆性能,对确保无人机的性能发挥和飞行安全是很有必要的。

3.6.1　起飞性能分析

1. 起飞过程

固定翼无人机从开始滑跑、离开地面并上升到一定高度(通常为 25 m)的运动过程称为起飞过程,如图 3-30 所示。

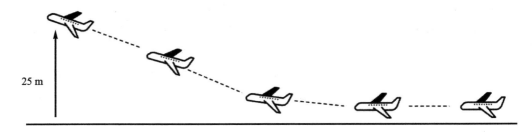
25 m

图 3-30　固定翼无人机起飞过程

2. 起飞滑跑距离

固定翼无人机从滑跑到离地这一段距离称为起飞滑跑距离。滑跑距离越短,代表固定翼无人机的起飞性能越好。固定翼无人机的起飞滑跑过程是一个加速的过程,必须先滑跑,获得足够的速度之后,机翼上就可以产生足够的升力使其离地升空,所以固定翼无人机滑跑的目的就是为了尽快增大速度,得到足以支持重力的升力。固定翼无人机加速滑跑,当速度增大到一定程度,升力大于重力时,固定翼无人机就能离地。

3. 离地速度

固定翼无人机的起飞滑跑是直线加速过程,随着速度的增大,升力也随着增大,当速度增大到使得升力大于重力时,即可离地。这个使固定翼无人机在起飞过程中升力增加到等于重力时的瞬时滑跑速度就称为固定翼无人机的离地速度。

固定翼无人机起飞滑跑距离的长短是由离地速度和起飞滑跑阶段中的加速度所决定的。固定翼无人机的离地速度小,经过较短距离的滑跑就能加速到离地速度,使其离地,因而固定翼无人机的起飞滑跑距离短。

4. 影响起飞性能的因素

影响起飞性能的因素主要有动力装置的动力、增升装置所处位置。

(1) 动力装置

当固定翼无人机的离地速度一定时,滑跑中的加速度越大,滑跑距离就越短。当重量一定时,动力装置的推力(或拉力)越大,滑跑时的加速度就越大,滑跑距离就越短。因此,起飞时必须加大油门,增大推力,以获得足够的加速度,进而缩短起飞滑跑距离。

(2) 增升装置

固定翼无人机上常用的增升装置主要有襟翼、缝翼。起飞时放下襟、缝翼可以增加升力系数,固定翼无人机就可以用较小的离地速度使升力克服重力,使机轮离地,从而缩短滑跑距离。襟、缝翼在使用时一定要注意,起飞时,操纵装置应置于起飞位置,以获得较大的升力;着陆时,将起飞装置应置于着陆位置,以获得较大的阻力。

3.6.2 着陆性能分析

着陆性能是指固定翼无人机安全着陆过程中表现出来的各种性能。着陆距离、着陆滑跑距离、接地速度,以及影响和改善固定翼无人机着陆性能的因素与措施等,是衡量固定翼无人机着陆过程中能否安全着陆的各种参数。

1. 着陆过程

固定翼无人机从离地面一定高度起(通常为 25 m 或者 15 m)下滑,直至着陆滑跑停止,这一减速运动的过程称为着陆。着陆包括下滑、拉平、平飘、接地和着陆滑跑五个阶段,如图 3-31 所示。

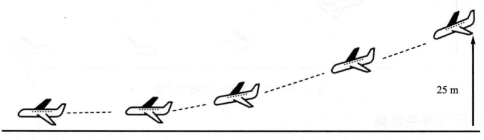

25 m

图 3-31 固定翼无人机着陆过程

① 拉平:固定翼无人机着陆过程中,从下滑状态转入平飞状态的阶段。
② 平飘:固定翼无人机着陆过程中,起落架距离地面 1 m 左右的平飞阶段。
③ 接地:固定翼无人机着陆过程中,起落架接触地面的瞬间。

2. 着陆距离

着陆距离是指固定翼无人机从离地面一定高度起(通常为 25 m 或 15 m)下滑并降落于地面到停止滑跑所经过的水平距离,如图 3-32 所示。

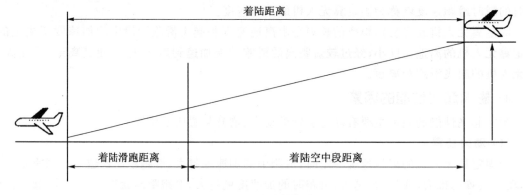

着陆距离

着陆滑跑距离　　着陆空中段距离

图 3-32 着陆距离

　　固定翼无人机的着陆重量、制动能力、机场标高、气象条件、跑道路面情况以及着陆过程中固定翼无人机的接地速度等影响了着陆距离的长短。多旋翼无人机垂直着陆时,着陆距离是指多旋翼无人机接地前由机动速度减小到速度等于零所经过的水平距离。

3. 接地速度

　　接地时,为了不使固定翼无人机下沉太快,应避免与地面猛烈撞击,经过一段平飘,仍需保持一定速度,使升力能平衡重力,待升力稍小于重力,即可平稳地轻轻接地。保持升力等于重力而接地的瞬时飞行速度,称为接地速度。

4. 着陆滑跑距离

　　固定翼无人机从接地开始到滑跑停止所经过的距离称为着陆滑跑距离。

　　着陆滑跑距离的长短是由接地速度和着陆滑跑阶段中的加速度所决定的。接地速度越小,滑跑距离越短。

5. 影响着陆性能的因素

　　影响着陆性能的因素主要有着陆接地速度、减速装置的效率(加速度)等。

　　在固定翼无人机接地速度一定的条件下,滑跑中减速装置的效率越高,滑跑中的减速度越大,滑跑距离就越短。大型固定翼无人机上通常装有减速伞装置、刹车装置以及襟翼等减速装置。减速伞用来增大滑跑中的空气阻力;刹车装置用来增大机轮与地面的摩擦力。维护工作中,要注意检查刹车装置和减速伞,保证能有效地工作或正常投放。

　　固定翼无人机着陆时,通常放下襟翼,而且放下的角度比起飞时大。一般情况下,固定翼无人机着陆时,襟翼放 25°。因为增大放襟翼的角度,不仅能更多地增加升力,以减小接地速度,而且能增加阻力,增大滑跑中的减速度,从而有效地缩短滑跑距离。

3.6.3 影响起飞、着陆的因素

　　固定翼无人机的起飞、着陆滑跑距离随起飞重量、降落场地高度和气象条件等因素的改变而变化。固定翼无人机重量增加,一方面,使固定翼无人机不易加速或减速;另一方面需要升力增大,使离地速度和接地速度都增大。所以起飞、着陆滑跑距离都变长。

　　降落场地高度越高,空气密度越小,离地速度和接地速度都增大,所以起飞、着陆滑跑距离都变长。还有空气密度减小,动力装置推力随之减小,导致起飞滑跑中的加速度减小,起飞滑跑距离变长。

　　同一降落点,气温升高,则空气密度减小,起飞、着陆滑跑距离变长。

　　无论起飞或着陆,都以逆风为宜,可以更好地提高升力,缩短滑跑距离;反之,顺风起落,滑跑距离都会变长。

知识点总结

　　本章知识点总结如下:

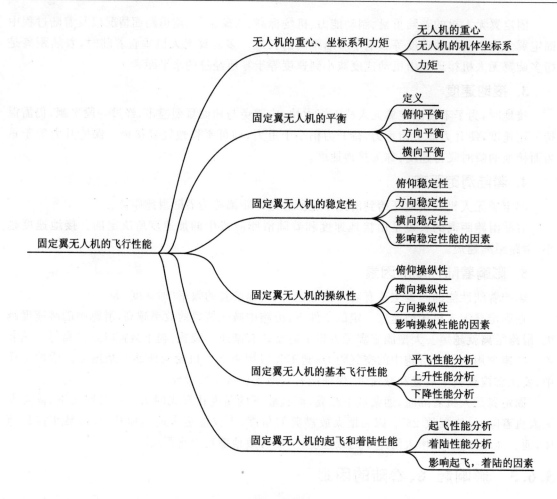

固定翼无人机的飞行性能

- 无人机的重心、坐标系和力矩
  - 无人机的重心
  - 无人机的机体坐标系
  - 力矩
- 固定翼无人机的平衡
  - 定义
  - 俯仰平衡
  - 方向平衡
  - 横向平衡
- 固定翼无人机的稳定性
  - 俯仰稳定性
  - 方向稳定性
  - 横向稳定性
  - 影响稳定性能的因素
- 固定翼无人机的操纵性
  - 俯仰操纵性
  - 横向操纵性
  - 方向操纵性
  - 影响操纵性能的因素
- 固定翼无人机的基本飞行性能
  - 平飞性能分析
  - 上升性能分析
  - 下降性能分析
- 固定翼无人机的起飞和着陆性能
  - 起飞性能分析
  - 着陆性能分析
  - 影响起飞,着陆的因素

思考题

1. 重心移动的规律是什么?
2. 重心与焦点的关系是什么?
3. 无人机的6个自由度分别是什么?
4. 阐述俯仰力矩、偏航力矩、滚转力矩的含义。
5. 描述方向稳定力矩的产生原理。
6. 描述横向操纵性的原理。
7. 影响稳定性的因素有哪些?
8. 描述着陆距离的定义。

第4章　旋翼无人机飞行原理

旋翼无人机是相对于固定翼无人机而言的,它与固定翼无人机的最大区别在于,旋翼无人机的升力是由旋翼提供的,而固定翼无人机则是由固定机翼提供的。在阻力方面,旋翼无人机与固定翼无人机类似,各部分部件都会产生阻力,并且各部件之间也同样存在着相互干扰作用,因此总的阻力要高于各部件阻力之和。

从广义角度来讲,旋翼无人机可泛称"无人直升机",泛指一切可以垂直起降的无人机,但有些特殊结构的固定翼无人机也具备这种能力。而从狭义角度来讲,旋翼无人机指仅利用旋翼提供升力的无人机。一般,旋翼无人机可概括为两大类:

① 无人直升机:采用单一主旋翼或双旋翼提供升力的无人机,主要应用于军事和工业领域。

② 多旋翼无人机:采用三个及以上旋翼共同提供升力的无人机,主要应用于工业和消费领域。

本章主要介绍无人直升机和多旋翼无人机空气动力学相关知识,包括螺旋桨、旋翼系统、旋翼无人机飞行原理、多旋翼无人机飞行原理等。

本章相关学习内容可借助"远洋云课堂"教学平台,具体教学素材请扫描二维码。

4.1　螺旋桨

本节重点阐述螺旋桨的基本概念、结构、几何参数、拉力和阻力产生的原理及影响因素等。学习本节,同学们能对螺旋桨有宏观的认知,并为学习后续内容奠定基础。

4.1.1　螺旋桨的基本概念

螺旋桨是指靠桨叶在空气或水中旋转,将发动机转动功率转化为推进力的装置,可有两个或较多的叶与毂相连,叶的向后一面为螺旋面或近似于螺旋面的一种推进器。螺旋桨有很多种,广泛应用于飞行器(如民航客机、固定翼无人机、多旋翼无人机等)、轮船的推进器等方面,如图4-1所示。本教材主要讨论无人机上的螺旋桨,无人机的螺旋桨在发动机驱动下高速旋转,从而产生拉力(或推力),拉动(推动) 无人机向前飞行。

4.1.2　螺旋桨的结构

无人机上用的螺旋桨多为木质或复合材料,而且一般情况下都是定距螺旋桨,即桨叶角不可调。一架飞行器上桨叶的数目根据发动机功率而定,有2叶、3叶和4叶的,也有5叶、6叶的。螺旋桨主要由桨叶、桨毂、旋转轴等组成,如图4-2所示。

① 桨毂:用来安装桨叶,并与发动机曲轴或减速器连接在一起。

② 桨叶:产生空气动力的主要部件。

③ 桨根:最接近桨毂的桨叶部分。

图 4-1　螺旋桨的外形

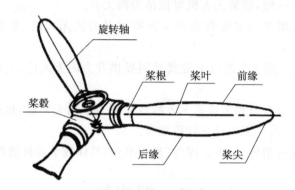

图 4-2　螺旋桨结构组成

④ 桨尖:离桨毂最远的桨叶部分。

⑤ 旋转轴:用来传递发动机的动力。

4.1.3　螺旋桨的几何参数

无人机的螺旋桨结构很特殊,单支桨叶为细长而又带有扭角的翼形叶片。桨叶的扭角(桨叶角)相当于飞机机翼的迎角,但桨叶角为桨尖与旋转平面呈平行逐步向桨根变化的扭角,即桨叶角从桨尖到桨根是变化的,如图 4-3 所示。

桨叶的剖面形状与机翼的剖面形状很相似,如图 4-4 所示。叶背相当于机翼的上翼面,曲率较大,叶面则相当于下翼面,曲率较小,每支桨叶的前缘与发动机输出轴旋转方向一致,所以,无人机螺旋桨相当于一对竖直安装的机翼。

① 桨弦:桨叶剖面前缘与后缘之间的连线。

② 旋转面:桨叶旋转时所转过的平面。

③ 叶背:桨叶凸起的一面。

④ 叶面:桨叶平坦的一面

⑤ 桨叶角:螺旋桨旋转平面和桨叶弦线之间的夹角。

⑥ 桨叶迎角(攻角):桨叶弦线和相对气流的夹角,通常用 α 表示,如图 4-5 所示。

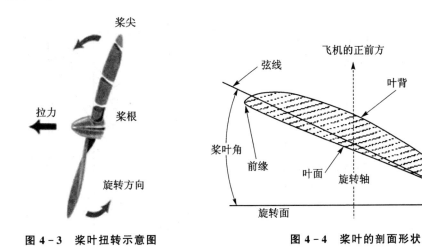

图 4-3　桨叶扭转示意图　　　　　　　图 4-4　桨叶的剖面形状

螺旋桨在工作过程中,既有旋转,又有向前的运动。设飞行速度为 $\vec{v}$,螺旋桨转速为 n,某一剖面处桨叶旋转切向速度为 $\vec{u}$,相对气流速度为 $\vec{w}$,如图 4-5 所示。则螺旋桨运动的速度矢量三角形表达式为

$$\vec{w} = \vec{u} + \vec{v}$$

其中相对气流的方向由无人机的飞行运动和螺旋桨的旋转运动决定。例如,当螺旋桨在静止的无人机上旋转时,相对气流的方向就是对着螺旋桨的旋转运动,桨叶迎角和桨叶角是一样的,如图 4-6(a)所示。

当无人机开始向前运动时,因为螺旋桨边旋转边前进,产生的相对气流不再直接对着螺旋桨桨叶运动,故相对气流方向改变。一般情况下,迎角总是小于桨叶角,如图 4-6(b)所示。

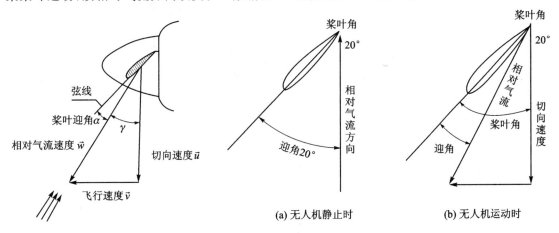

图 4-5　螺旋桨运动的速度矢量三角形　　　　图 4-6　桨叶迎角和桨叶角

4.1.4　螺旋桨产生拉力和旋转阻力的原理

螺旋桨桨叶的剖面与固定翼无人机翼型相似,其产生拉力(推力)的原理也相似。如图 4-7 所示,根据伯努利定理的内容,空气以一定的迎角流过桨叶时,流过桨叶叶背(前桨面)就像流过机翼上表面一样,流管变细,流速加快,压力减小;空气流过桨叶叶面(后桨面),就像流过机

翼下表面一样,流管变粗,流速减慢,压力增大。流近桨叶前缘,气流受到阻挡,流速减慢,压力增大;流近桨叶后缘,气流分离,形成涡流区,压力减小。这样,在桨叶的前后桨面和前后缘均形成压力差。再加之气流作用于桨叶上的摩擦阻力,就构成了桨叶上的总空气动力 R。根据总空气动力对螺旋桨运动所起的作用,可将它分解成两个分力:一个是与桨轴平行、拉着螺旋桨和无人机前进的拉力 T;另一个是与桨轴垂直、阻碍螺旋桨旋转的旋转阻力 D。

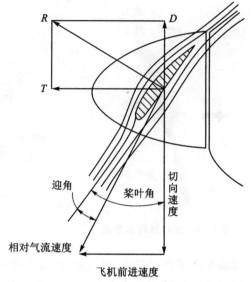

图 4-7　桨叶的空气动力

各桨叶的拉力,其方向都相同,合起来就是整个螺旋桨的拉力,如图 4-8 所示。至于各桨叶的旋转阻力,其合力虽为零但因离桨轴都有一段距离,其方向又都与桨叶的旋转方向相反,故形成阻碍螺旋桨旋转的力矩,称之为旋转阻力矩 $M_{阻}$。这个力矩通常由发动机曲轴发出的旋转力矩 $M_{扭}$ 来平衡。当 $M_{扭}<M_{阻}$ 时,螺旋桨转速降低;当 $M_{扭}>M_{阻}$ 时,螺旋桨转速增加;当 $M_{扭}=M_{阻}$ 时,螺旋桨转速不变。

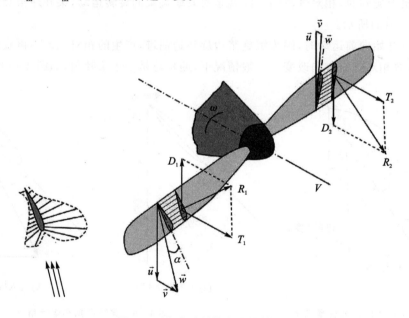

图 4-8　各桨叶的拉力和旋转阻力

4.1.5　影响螺旋桨拉力和旋转阻力的因素

影响螺旋桨的拉力和旋转阻力的因素与影响机翼的升力和阻力的因素非常类似,有桨叶迎角、桨叶切面合速度、空气密度、螺旋桨直径、桨叶数目、桨叶切面形状及维护使用情况等。

1. 迎角的影响

与机翼迎角对升力和阻力的影响相似,在一定的桨叶迎角范围内,其迎角增大,螺旋桨的拉力和旋转阻力增大;超过某一迎角(相当于机翼上的临界迎角)后,迎角增大,螺旋桨的拉力减小,而旋转阻力继续增加。

2. 飞行速度和空气密度的影响

与固定翼无人机中飞行速度和空气密度对机翼升力和阻力的影响一样,桨叶切面的合速度和空气密度增大,桨叶总空气动力增大,故螺旋桨的拉力和旋转阻力增大;反之,则减小。

3. 螺旋桨直径的影响

螺旋桨直径增大,一方面相当于增大了桨叶面积;另一方面还引起桨尖切向速度增大,从而使合速度增大。故螺旋桨的拉力和旋转阻力都将增大。但是,不能认为螺旋桨的直径越大越好,直径太大,导致桨尖速度接近声速,产生激波,不但拉力不一定增大,而且旋转阻力还可能急剧增加。

4. 桨叶数目的影响

桨叶数目增多,桨叶总面积增大,故螺旋桨的拉力和旋转阻力增大。但桨叶数目过多,各桨叶之间干扰加剧,会使旋转阻力增加的倍数大大超过拉力增加的倍数,这对螺旋桨的工作是很不利的。

5. 桨叶切面形状的影响

与机翼一样,在一定范围内增大桨叶切面的厚弦比和中弧曲度,也可使螺旋桨的拉力和旋转阻力增加。

6. 维护使用情况的影响

由于桨叶的相对气流速度很大,若使用、维护不良,桨叶稍有变形和伤痕,都会使螺旋桨的空气动力性能显著降低,旋转阻力显著增加而拉力减小。因此,在维护、使用中,保持好桨叶的外形,就显得更为重要。

4.2　旋翼系统

本节重点阐述旋翼系统的基本结构、旋翼桨毂结构、旋翼与螺旋桨的区别等。通过本节的学习,希望同学们掌握旋翼系统中主旋翼、桨毂等的结构及作用,为后续学习飞行原理奠定基础。

4.2.1　旋翼系统的基本结构

旋翼无人机的旋翼系统由两片或更多片的桨叶组成,桨叶安装于旋翼中心桨毂上(可参见1.1.2 小节),在发动机驱动下,旋翼桨叶随桨毂绕中心轴旋转,从而产生提供旋翼无人机飞行需要的空气动力和控制力矩。

旋翼无人机的旋翼桨叶一般具有较小的厚度和较大的柔性,其展弦比和旋转直径也较大。旋翼桨叶与螺旋桨的典型区别是:旋翼系统的桨叶几乎是不扭转的,即使扭转,角度也比较小,更近似于旋转的机翼。因此从功能上可以把旋翼无人机旋翼桨叶看成是一个一边旋转一边前进的机翼,从而为旋翼无人机提供升力和前/后飞、左/右侧飞的拉力。

旋翼结构最普遍的形式是铰接式,如图4-9所示。铰接式旋翼系统的桨叶通过摆振铰、挥舞铰和变距铰与桨毂相连接。摆振铰使得桨叶能够在旋转平面内做前后自由摆动,挥舞铰使得桨叶能够做垂直于桨盘平面的上下自由挥舞运动,变距铰使得桨叶能够绕变距轴做变距运动。

**直升机
结构介绍**

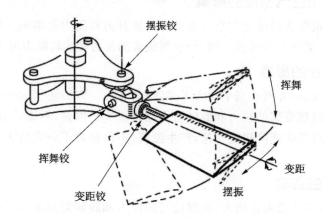

图4-9 旋翼系统基本结构及桨叶运动示意图

旋翼无人机旋翼系统的控制主要是通过各种组合方式改变主旋翼和尾桨工作时的迎角(桨距)来实现的。旋翼无人机上安装有飞行控制计算机和自动驾驶仪,飞控产生飞行控制指令,再由控制驱动器对控制指令进行放大,并驱动执行伺服机构完成旋翼桨距操纵控制。

4.2.2 旋翼桨毂结构

旋翼形式是指旋翼桨叶与旋翼轴的连接方式,也就是旋翼桨毂的结构形式。旋翼桨毂结构形式对旋翼无人机的气动性能、振动、重量、维修成本、操纵性、稳定性等都有重大影响。

**桨毂及自动
倾斜器运动**

1. 铰接式

铰接式旋翼桨毂是通过在桨毂上设置挥舞铰、摆振铰和变距铰来实现桨叶的挥舞、摆振和变距运动。桨毂铰从里到外的布置依次为挥舞铰、摆振铰、变距铰,如图4-9所示。

2. 半铰接式

半铰接式旋翼桨毂是一个具有共同的中心挥舞铰(或万向铰)而无摆振铰的铰接式旋翼。一般有跷跷板式和万向接头式两种。跷跷板式的桨毂直接固定到中心铰座上,两片桨叶借助于变距轴固定到桨毂上,它们分别绕自己的变距铰转动,如图4-10所示;万向接头式的桨毂通过万向铰连接在桨轴上,两片桨叶一起绕万向铰的变距轴转动。

半铰接式旋翼结构较简单,零、组件较少,在中小型直升机上广泛应用。其缺点是桨叶旋转方向的弯曲载荷较大,旋翼桨毂力矩为零,全靠升力的倾斜来操纵,故操纵功效最低。这种旋翼形式的直升机操纵性、稳定性较差,振动也较大。

3. 无铰接式

一般所说的无铰式旋翼,是指在桨毂上取消了水平铰和垂直铰,仍保留了变距用的轴向铰,如图 4 - 11 所示。桨叶的挥舞运动和摆振运动,通过结构的弯曲变形来实现。这种形式的旋翼有两种:一种是旋翼桨毂为挥舞半刚性的,桨叶的挥舞是靠桨毂部件的弹性变形来实现的;另一种是旋翼桨毂为挥舞刚性的,桨叶的挥舞靠桨叶根部的弯曲变形来实现。

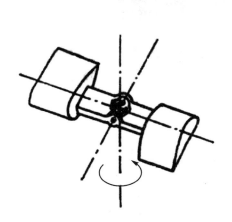

图 4 - 10　半铰接式(跷跷板式)旋翼结构示意图

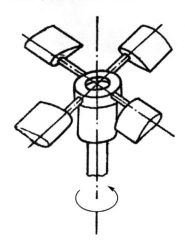

图 4 - 11　无铰接式旋翼结构示意图

4. 无轴承式

无轴承式取消了三个铰,桨叶的运动靠其扭转变形和弯曲变形来实现,如图 4 - 12 所示。无轴承式桨毂的主要结构是由单向复合材料制成的柔性梁,柔性梁外端同桨叶相连接,内端同固定在旋翼轴上的连接盘相连。柔性梁在保证一定的弯曲刚度和强度的情况下,扭转刚度很低,起到了挥舞、摆振和变距铰的作用。桨毂结构简单,零件数量少,全复合材料结构,安全性能好,寿命长;外形尺寸小,阻力小,重量轻。由于无轴承桨毂取消了所有

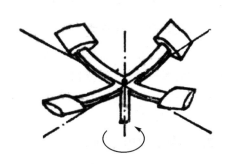

图 4 - 12　无轴承式旋翼结构示意图

的“铰”,桨叶的挥舞、摆振、变距都要靠柔性梁的弯曲变形来实现。这样,无轴承旋翼的一个突出特点就是强烈的变距、挥舞、摆振弹性耦合,对旋翼结构动力学特性和气动弹性力学特性影响较大。

4.2.3　旋翼与螺旋桨的区别

旋翼与螺旋桨通过旋转产生升力(或推力),但它们之间有一定的区别,具体如下:

① 螺旋桨从桨根到桨尖呈几何扭转,是一个“扭转了”的机翼,而旋翼几乎是不扭转的,即使有也很小,不像螺旋桨那样明显,如图 4 - 13 所示。

② 螺旋桨仅仅是通过旋转产生空气动力实现某一方向的推(拉)力,它的旋转平面几乎不倾斜,而旋翼则会小范围地倾斜。

③ 螺旋桨可以固定桨距使用,也可以采用可调桨距;旋翼除了变桨距的功能,还有周期变距的功能。

(a) 螺旋桨　　　　　　　　　　　　　　(b) 旋　翼

图 4 - 13　螺旋桨与旋翼

4.3　旋翼无人机飞行原理

本节以单旋翼无人直升机为例进行讲解。无人直升机作为一种典型的旋翼飞行器,其飞行所需的升力是靠旋翼旋转产生的,同时,旋翼又是无人直升机的操纵面,即无人直升机通过旋翼拉力的倾斜实现前飞、后飞和侧飞。

4.3.1　旋翼产生拉力的原理

1. 旋翼拉力的产生

因旋翼的翼型(切面形状)与固定翼无人机机翼的翼型相似(如图 4 - 14 所示),故旋翼转动时,气流以一定的迎角流过桨叶,如同气流以一定的迎角流过机翼一样,其产生拉力的原理(如图 4 - 15 所示)可参考 4.1.3 小节的内容,这里不再赘述。

直升机产生
拉力的原理

2. 旋翼拉力的方向

无人直升机静止时,因挥舞铰的存在且受自身重力作用旋翼会下垂,如图 4 - 16(a)所示。

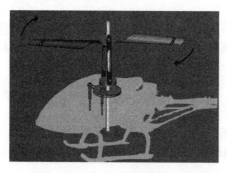

(a) 无人直升机的旋翼

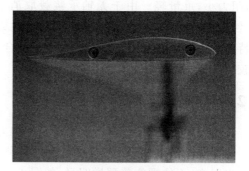

(b) 旋翼的翼型

图 4 - 14　无人直升机旋翼翼型

无人直升机桨叶旋转时,各桨叶除自身重力外,还有空气动力(R)和惯性离心力($F_{离心}$)。其中空气动力中的拉力(T)会使桨叶向上扬起,惯性离心力($F_{离心}$)力图将桨叶拉平。由于拉

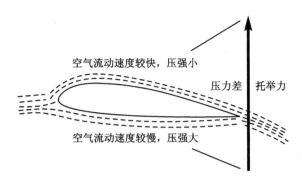

图 4 - 15　旋翼产生拉力的原理示意图

力远远大于重力,当这三个力对挥舞铰形成的力矩取得平衡时,桨叶会向上扬起一定的角度。由于各桨叶在旋转中都向上扬起,所以旋翼旋转时就形成了一个倒立的圆锥形状,称为旋翼锥体。锥体的中心线为锥体轴,向上扬起的桨叶与桨毂旋转平面之间的夹角称为锥角,如图 4 - 16(b)所示。

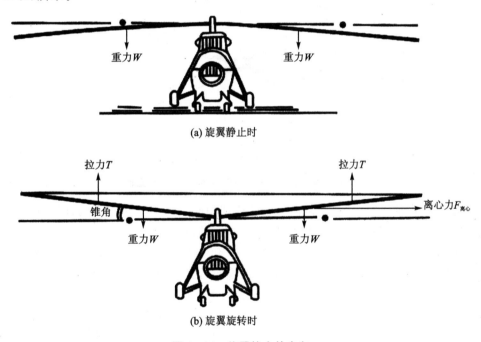

图 4 - 16　旋翼拉力的方向

当无人直升机的桨叶形成倒立的锥体后,各桨叶的拉力均相应地向内侧倾斜一个角度,如图 4 - 17(a)所示。各桨叶上的拉力($T_{桨叶}$)可以分解成一个与桨尖旋转平面垂直的分力($T_{垂}$)和一个与桨尖旋转平面平行的分力($T_{平}$)。其中各桨叶的 $T_{平}$ 互相平衡,合力为零,各桨叶的 $T_{垂}$ 的合力就是旋翼的总拉力 T 。由于旋翼各桨叶上产生的拉力基本相等,所以总拉力的作用线与锥体轴重合。当旋翼锥体倾斜时,拉力也随之倾斜,如图 4 - 17(b)所示。

3. 运动中旋翼的受力分析

在无风条件下,无人直升机空中悬停或垂直升降时,各桨叶无论转到哪个方位,其相对气流速度都一样,产生的拉力 T 都相等,如图 4 - 18 所示。

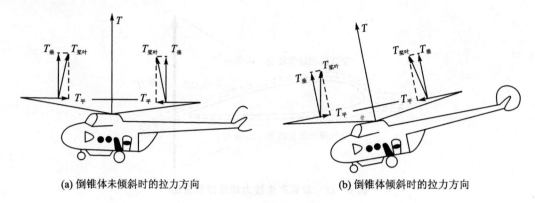

(a) 倒锥体未倾斜时的拉力方向　　　　(b) 倒锥体倾斜时的拉力方向

图 4 - 17　旋翼拉力的方向

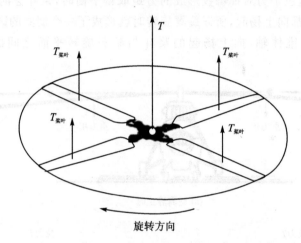

旋转方向

图 4 - 18　静止或悬停时桨叶受力情况示意图

　　无人直升机向前飞行(后退和侧向运动的道理相同)时,桨叶转到不同方位时相对气流速度是不同的,其拉力也不相等。如图 4 - 19(a)所示,前进桨叶(在 0°～ 180°范围内,不含 0° 和 180°)上的相对气流,是由桨叶转动而产生的相对气流和无人直升机前进而产生的相对气流两部分合成的。这两部分相对气流都从桨叶前缘流向后缘,合成的结果使前进桨叶的相对气流速度比悬停时的相对气流速度大,从而产生的拉力大。反之,后退桨叶(180°～ 360°范围内,不含 180°和 360°)上的相对气流,桨叶转动而产生的相对气流从桨叶前缘流向后缘,而直升机前飞所产生的相对气流却是从桨叶后缘流向前缘,这两部分相对气流合成的结果会使后退桨叶的相对气流速度变小。此外,在后退桨叶根部,由于线速度小于直升机前进的速度,出现了气流从桨叶后缘向前缘流动的返流现象,产生了返流区,如图 4 - 19(b)阴影部分所示。

　　由此可知,无人直升机前飞时,前进桨叶的相对气流速度比后退桨叶的大,并且后退桨叶根部还存在返流区。这样,前进桨叶产生的拉力比后退桨叶的大,出现了拉力不对称现象,并对直升机重心形成不平衡力矩,即横向不平衡力矩。横向不平衡力矩会使直升机有向一侧翻倒的趋势。

　　此外,桨叶拉力会使桨叶根部受到很大的弯曲力矩。当无人直升机前飞时,因相对气流不对称,引起桨叶拉力发生周期性变化,从而使桨叶根部受到的弯曲力矩也发生周期性变化。周期性变化的弯曲力矩是一种交变载荷,很容易使桨叶根部疲劳损坏。

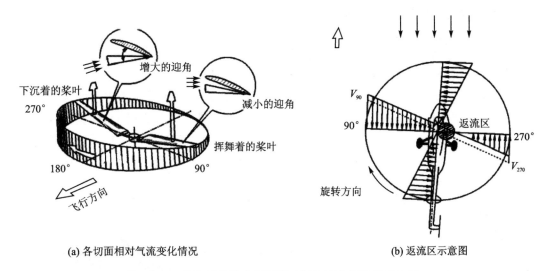

(a) 各切面相对气流变化情况　　　　　　(b) 返流区示意图

图 4 - 19　前飞时桨叶各切面相对气流变化情况及返流区

4.3.2　旋翼的挥舞与摆振运动

根据上面的分析可知,无人直升机在前飞、后飞或侧飞中,旋翼各桨叶周向相对气流会出现明显的不对称现象,必然会对无人直升机的平衡造成破坏。

1. 旋翼的挥舞运动

旋翼的挥舞是指前行桨叶因拉力大而上扬,后退桨叶因拉力小而下挥,桨叶在旋转时这种一起一伏的现象叫作挥舞。

无人直升机因前行桨叶和后退桨叶受力不等而产生横向不平衡力矩,会引起机体向一侧翻倒及桨叶根部疲劳损坏的现象,故大多数无人直升机安装了水平关节(水平铰),如图 4 - 20 所示。这样,当桨叶转到不同位置产生的拉力不相等时,就可以绕水平关节向上或向下转动,而不会把桨叶拉力构成的力矩传到机身上去,从而基本上消除了横向不平衡力矩,桨叶根部也不会受到弯曲力矩的作用。

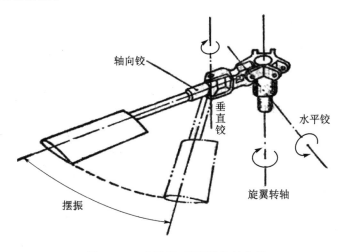

图 4 - 20　水平铰、垂直铰和轴向铰

同时,桨叶挥舞也会使桨叶迎角发生变化,桨叶迎角的改变又会使拉力发生变化,如图4-21所示。当前进桨叶因拉力大而向上挥舞时,自上而下的相对气流使相对气流合速度方向改变,桨叶迎角减小,拉力也就减小;反之,后退桨叶向下挥舞时,迎角增大,拉力也增大。可见,桨叶因挥舞所引起的迎角改变,可以减轻拉力不对称的程度。

另外,在旋翼桨毂上还装有轴向关节(如图4-20所示),当桨叶绕水平关节挥舞时,变距摇臂末端因被变距拉杆固定,不能上、下移动,引起轴向活动关节外壳转动,使桨距改变,引起桨叶拉力变化。例如:当前进桨叶上扬时(如图4-22所示),变距拉杆拉住桨叶变距摇臂,使桨距减小,导致桨叶拉力减小;当后退桨叶向下挥舞时,变距拉杆顶住变距摇臂,使桨距增大,导致桨叶拉力增大。这一特点称为桨叶的挥舞调节作用,可以进一步减轻拉力不对称的程度。

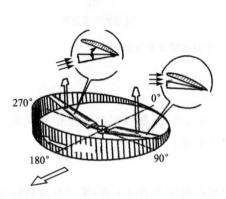

图4-21 桨叶挥舞时迎角变化示意图

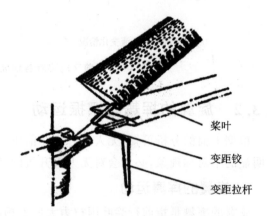

桨叶
变距铰
变距拉杆

图4-22 桨叶的挥舞调节作用

也就是说,由于安装了水平关节,使桨叶可以做上下挥舞运动,同时桨叶挥舞引起迎角的变化和挥舞调节作用,再加上飞控的操纵,就可以全部消除横向不平衡力矩。

2. 旋翼的摆振运动

桨叶的挥舞运动可以减轻拉力的不对称现象和消除横向不平衡力矩,但也带来了新的问题,即产生了哥氏力的不利影响。

旋翼的桨叶在周期性挥舞运动过程中,桨叶重心到旋翼轴的距离不断发生变化,如图4-23所示。前行桨叶向上挥舞时,重心与旋翼轴的距离缩小,哥氏力试图使它加速旋转;后退桨叶向下挥舞时,重心与旋翼轴的距离增大,哥氏力试图使它减速旋转。这样,当桨叶周期性挥舞运动时,桨叶会受到方向和大小周期性变化的哥氏力的作用,从而导致桨叶前后反复弯曲变形,容易使桨叶根部疲劳损坏。

无人直升机通常采用在旋翼的桨毂上安装垂直铰(如图4-20)来消除哥氏力产生的不利影响。垂直活动关节(垂直铰)使桨叶可绕该关节前后摆动,当桨叶上挥产生指向前缘的哥氏力时,桨叶可向前摆动一个角度;当桨叶下挥产生指向后缘的哥氏力时,桨叶可向后摆动一个角度,从而避免桨叶根部因哥氏力发生疲劳损坏。

另外,当桨叶受到外力干扰或启动/停车时,旋翼转速的突然变化,会产生较大的惯性力。通过桨叶绕垂直关节的摆动,可以起到缓冲作用,避免桨叶产生的惯性力对桨叶根部的损害。

垂直关节在解决了哥氏力对桨叶的不利影响的同时,又产生了一个新的问题,即桨叶前后

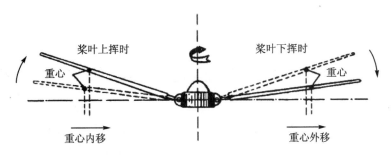

图 4 - 23　桨叶挥舞时重心的变化情况

摆动会导致其在旋转面内的分布不均匀,造成旋翼重心偏离桨毂中心,由此产生不平衡离心力,引起无人直升机振动。因此装有垂直关节的旋翼,一般都有减摆器,如图 4 - 24 所示。减摆器在桨叶摆动时起阻尼作用,消耗摆动能量,把桨叶的摆动角度限制在较小范围内,以减轻无人直升机的振动。

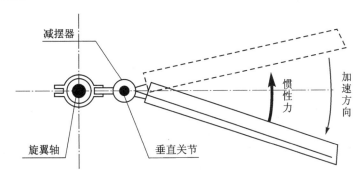

图 4 - 24　桨叶加速转动时的惯性力

　　目前,有些无人直升机的旋翼采用了复合材料,具有很强的抗疲劳性能,不易损坏,因而取消了垂直关节,有的甚至还同时取消了水平关节。

4.3.3　尾　桨

1. 旋翼的反作用力矩

　　无人直升机的旋翼克服空气阻力旋转时,根据牛顿第三定律,桨叶在拨动空气的同时,空气也给各桨叶一个大小相等、方向相反的反作用力。这个反作用力对旋翼转轴所构成的力矩就是旋翼的反作用力矩。旋翼的反作用力矩传到固定翼直升机的机体上,就会使其向旋翼旋转的反方向偏转。即旋翼顺时针旋转(俯视),其反作用力矩使机头向左偏转,如图 4 - 25 所示。

牛顿第三定律

2. 尾桨的作用

　　尾桨是指单旋翼直升机为平衡旋翼扭矩产生的反作用力矩而在机身尾部安装的小型旋翼。其构造与旋翼基本相同,其旋转平面平行于直升机的对称面(如图 4 - 25 所示)。

　　单旋翼直升机利用尾桨产生的侧向拉力 $T_{尾桨}$ 对直升机重心形成的力矩,来平衡旋翼的反作用力矩,使直升机能够正常飞行,不因旋翼的反作用力矩而偏转、失控。如果旋翼是顺时针旋转的,反作用力矩要使机头向左偏转,尾桨拉力对直升机重心形成的力矩则使机头向右偏转。当这个向右偏转的力矩与旋翼的反作用力矩取得平衡时,机头就不会偏转。此外,还可以通过改变尾桨拉力的大小对直升机实行方向操纵。

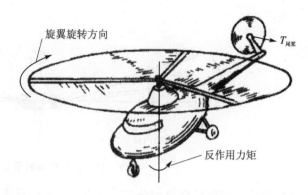

图 4 - 25　旋翼的反作用力矩

尾桨的作用可以概括为以下三点:

① 尾桨产生的拉力(或推力)通过力臂形成偏转力矩,用以平衡旋翼的反作用力矩(即反扭转)。

② 相当于直升机的垂直安定面,用以改善直升机的方向稳定性;而且,可以通过加大或减小尾桨的拉力(推力)来实现直升机的航向操纵。

③ 某些直升机的尾轴向上斜置一个角度,可以提供部分升力,也可以调整直升机的重心范围。

3. 尾桨的结构

(1) 二叶"跷跷板"式

轻型直升机上的尾桨通常采用"跷跷板"式结构,如图 4 - 26 所示。这种形式的尾桨与"跷跷板"式旋翼一样,它的两片桨叶的离心力在桨毂轴套上互相平衡,但不传递给挥舞铰,因而大大减轻了挥舞铰轴承的负担;这样就可以选用比较小的轴承,从而使桨毂结构更加紧凑、重量更轻。一般在结构布置上往往还把挥舞铰斜置一个角度,使其轴线与桨距操纵节点到桨毂中心的连线重合。这样布置以后,当桨叶挥舞时,既避免了变距铰每转一次的周期变距运动,减少轴承的磨损,又不影响变距-挥舞的耦合要求。

图 4 - 26　"跷跷板"式尾桨

(2) 多叶万向接头式

由于"跷跷板"式尾桨具有挥舞铰轴承,负荷较小,桨毂结构紧凑、重量轻,旋转面受力比一般无摆振铰的铰接式尾桨小等优点,所以有些多叶尾桨也采用与"跷跷板"式尾桨相类似的万向接头式尾桨结构,每片桨叶通过各自的变距铰与桨毂壳体相连接,而桨毂壳体又通过万向接头与尾桨轴相连接。例如米-8直升机的尾桨采用了万向接头式结构,如图 4 - 27 所示。

图 4 - 27　多叶万向接头式尾桨

(3) 多叶铰接式

对于三叶以上的尾桨,最常用的是铰接式尾桨,除早期个别直升机曾采用过全铰接式(即挥舞铰、摆振铰、变距铰)外,一般都没有摆振铰,称为半铰接式。这种尾桨的桨毂构造与铰接式旋翼桨毂的构造很相似,它的主要问题是:构造复杂,轴承数目多而工作条件差,旋转面受力情况严重等。为了尽量减小哥氏力,以改善尾桨在旋转面里的受力情况,曾采用过多种措施,例如,使轴向铰轴颈在旋转面内具有一定的柔性,或者采用特殊的挥舞铰轴销,使得尾桨的旋转面内具有一定的摆振自由度,从而改善其受力状况。但是,这些措施往往都以结构复杂、结构重量增加为代价,而且还会对尾桨的弦向频率带来影响。半铰接式尾桨如图 4 - 28 所示。

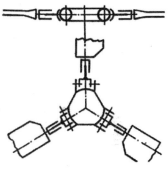

图 4 - 28　半铰接式尾桨

(4) 无轴承式尾桨

无论是半铰接式尾桨还是"跷跷板"式尾桨,都仍然带有挥舞铰、变距铰,因此结构重量难以减轻,而且维护工作量大、寿命短。同旋翼一样,合乎逻辑的发展就是取消这些铰,使结构简化,以提高尾桨使用的可靠性和延长寿命。因此,作为发展无轴承旋翼的先导,在 20 世纪 70 年代初出现了无轴承式尾桨,无轴承式尾桨采用全复合材料结构,取消了挥舞铰和变距铰,桨叶的变距运动由复合材料大梁扭转变形来实现。图 4 - 29 为 S - 76 的无轴承式尾桨。它由四片复合材料桨叶组成,采用交叉梁结构,相对的两片桨叶大梁是一个整体,两个大梁交叉叠置,用夹板夹持在一起;桨叶大梁是石墨复合材料,离心力在大梁中自身得到平衡,没有单独的桨毂,结构非常简单,与一般传统的尾桨相比,结构零件减少大约 87%,重量减轻约 30%。

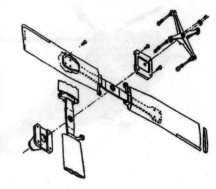

图 4-29 无轴承式尾桨

4.4 多旋翼无人机飞行原理

4.4.1 多旋翼无人机的布局

多旋翼无人机具有多个旋翼,采用旋翼旋转变速或桨叶变总距(无周期变距)的方式改变旋翼升力的大小,因而取消了无人直升机操纵系统中必不可少的自动倾斜器。多旋翼无人机通常都有 4 个或更多旋翼,如 4 旋翼、6 旋翼、8 旋翼等,其中 4 旋翼是最简单、最流行的一种。

多旋翼无人机一般采用轴对称总体布局的形式,中央位置集中布置飞控、GPS、电池、任务设备等,四周均布置发动机支架和螺旋桨。以四旋翼无人机为例,常见布局有 X 形、十字形等,如图 4-30 所示。

多旋翼无人机的应用

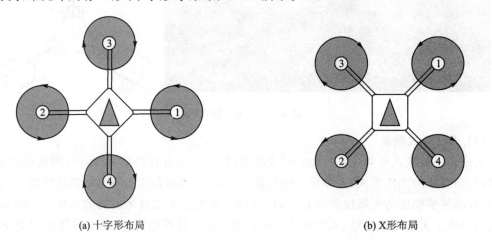

(a)十字形布局   (b)X形布局

图 4-30 多旋翼无人机常见布局形式

需要说明的是,多旋翼无人机为达到飞行平衡,1 号和 2 号电机逆时针旋转,3 号和 4 号电机顺时针旋转。四旋翼无人机是通过调节四个电机的转速来改变旋翼的转速,实现升力的变化,从而控制无人机的姿态和位置。

4.4.2　多旋翼无人机的飞行原理

1. 多旋翼无人机的受力情况

多旋翼无人机是由每个轴的电机旋转带动螺旋桨旋转产生升力,依靠多旋翼整体产生的升力来平衡自身的重力。可通过改变每个旋翼的转速来控制无人机的稳定性和姿态,当升力之和等于自身重力时,无人机就处于悬停状态,如图 4 - 31 所示。

图 4 - 31　多旋翼无人机的悬停姿态

2. 多旋翼无人机飞行原理

多旋翼无人机的基本飞行姿态有垂直运动、滚转运动、俯仰运动、偏航运动四种,那么如何实现姿态改变呢? 下面分别以 X 形和十字形四旋翼无人机为例进行分析。

(1) X 形四旋翼无人机

1) 垂直运动

垂直运动分为上升运动和下降运动,当四旋翼无人机上升时,四个电机转速增加,升力增加并大于重力,无人机上升;当四旋翼无人机下降时,四个电机转速减小,升力减小并小于重力,无人机下降。

2) 滚转运动(左右运动)

滚转运动分为向左滚转和向右滚转。当四旋翼无人机向左滚转时,M2 和 M3 电机转速减小,M1 和 M4 电机转速增加,左侧升力小于右侧升力,无人机向左运动;当四旋翼无人机向右滚转时,M1 和 M4 电机转速减小,M2 和 M3 电机转速增加,右侧升力小于左侧升力,无人机向右运动,如图 4 - 32 所示。

3) 俯仰运动(前后运动)

俯仰运动分为向前运动和向后运动。当四旋翼无人机向前运动时,M1 和 M2 电机转速减小,M3 和 M4 电机转速增加,无人机前侧升力小于后侧升力,无人机向前运动;当四旋翼无人机向后运动时,M3 和 M4 电机转速减小,M1 和 M2 电机转速增加,无人机后侧升力小于前侧升力,无人机向后运动,如图 4 - 33 所示。

4) 偏航运动

偏航运动分为向左偏航和向右偏航。当四旋翼无人机向左偏航时,M2 和 M4 电机转速增加,M1 和 M3 电机转速减小,逆时针的反扭矩大于顺时针的反扭矩,所以四旋翼无人机向

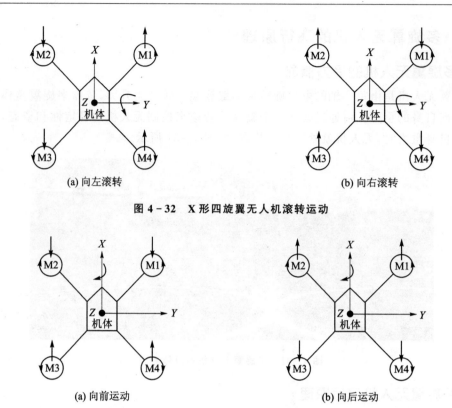

(a) 向左滚转   (b) 向右滚转

图 4 - 32　X 形四旋翼无人机滚转运动

(a) 向前运动   (b) 向后运动

图 4 - 33　X 形四旋翼无人机俯仰运动

左偏航;当四旋翼无人机向右偏航时,M1 和 M3 电机转速增加,M2 和 M4 电机转速减小,顺时针的反扭矩大于逆时针的反扭矩,所以四旋翼无人机向右偏航,如图 4 - 34 所示。

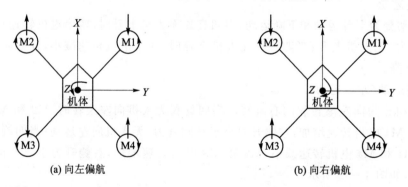

(a) 向左偏航   (b) 向右偏航

图 4 - 34　X 形四旋翼无人机偏航运动

(2) 十字形四旋翼无人机

1) 垂直运动

垂直运动与 X 形四旋翼无人机电机转速一样,这里不再赘述。

2) 滚转运动

当四旋翼无人机向左滚转时,M1 和 M3 电机转速不变,M2 电机转速减小,M4 电机转速增加;当四旋翼无人机向右滚转时,M1 和 M3 电机转速不变,M4 电机转速减小,M2 电机转速增加,如图 4 - 35 所示。

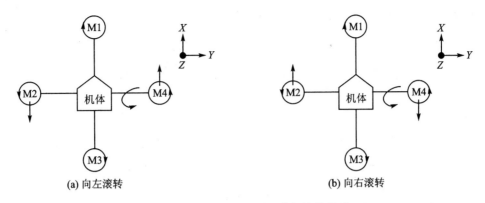

(a) 向左滚转　　　　　　　　　(b) 向右滚转

图 4-35　十字形四旋翼无人机滚转运动

3) 俯仰运动(前后运动)

当四旋翼无人机向前运动时,M2 和 M4 电机转速不变,M1 电机速度减小,M3 电机速度增加;当四旋翼无人机向后运动时,M2 和 M4 电机转速不变,M3 电机速度减小,M1 电机速度增加,如图 4-36 所示。

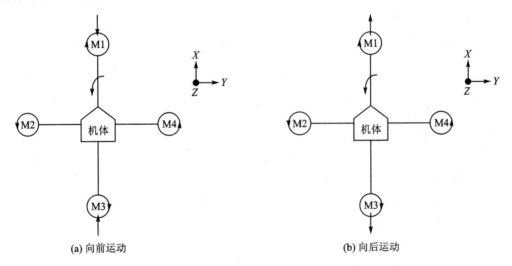

(a) 向前运动　　　　　　　　　(b) 向后运动

图 4-36　十字形四旋翼无人机俯仰运动

4) 偏航运动

十字形四旋翼无人机偏航运动原理与 X 形四旋翼无人机类似。当四旋翼无人机向左偏航时,M1 和 M3 电机转速增加,M2 和 M4 电机转速减小,逆时针的反扭矩大于顺时针的反扭矩,无人机向左偏航;当四旋翼飞机向右偏航时,M2 和 M4 电机转速增加,M1 和 M3 电机转速减小,顺时针的反扭矩大于逆时针的反扭矩,无人机向右偏航。

知识点总结

本章在学习了螺旋桨和旋翼系统相关知识的基础上,进一步介绍了旋翼无人机和多旋翼无人机飞行原理的相关知识,希望通过本章的学习,有助于学生掌握旋翼无人机产生升力的原理。本章知识点导图如下：

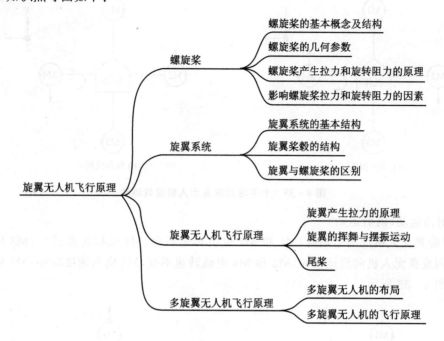

思考题

1. 简述螺旋桨产生拉力的原理,画出原理示意图。
2. 无人直升机与固定翼无人机产生升力的主要部件分别是什么？
3. 简要说明无人直升机克服反扭矩的方法。
4. 结合你日常所接触的多旋翼无人机机型,说明无人机产生升力的原理。
5. 简述螺旋桨与旋翼的区别,并举例说明它们的应用场景。
6. 概括旋翼与固定翼无人机机翼的相同点与不同点。
7. 多旋翼无人机是如何实现偏航的？

第 5 章　旋翼无人机的飞行性能

旋翼无人机的飞行性能主要讨论飞行平衡、安定性和操纵性等问题,而这些问题主要涉及旋翼无人机在飞行中的受力情况,其运动方程除了要考虑力的平衡以外,还要进一步考虑到作用于旋翼无人机上力矩的平衡。因此分析时应把整架旋翼无人机当作一个质点系来考虑力和力矩的平衡。

本章主要介绍旋翼无人机的平衡、安定性、操纵性、基本飞行性能以及起飞与着陆性能等。本章内容重在带领学生深入学习旋翼无人机飞行原理,了解其飞行性能,并能够在专业知识层面不断提高自己。

本章相关学习内容可借助"远洋云课堂"教学平台,具体教学素材请扫描二维码。

5.1　旋翼无人机的机体轴系和所受外力

5.1.1　旋翼无人机的机体轴系和作用力矩

1. 旋翼无人机的机体轴系

任何系统的运动方程,都是针对某一特定的参考坐标系建立的。对于旋翼无人机来说,选用恰当的坐标系可使运动方程的形式简单,便于分析和计算。旋翼无人机采用的机体坐标系为机体轴系,其坐标原点为旋翼无人机的重心,三个轴分别用 x、y、z 表示,如图 5-1 所示。

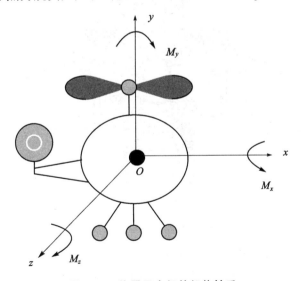

图 5-1　旋翼无人机的机体轴系

x 轴穿过无人直升机重心,指向前方,绕 x 轴的旋转称为滚转;y 轴穿过无人直升机重心,指向上方,绕 y 轴的旋转称为偏航;z 轴穿过无人直升机重心,指向右方,并与 x 轴和 y 轴都垂直,绕 z 轴的旋转称为俯仰。

采用机体坐标轴的优点是绕机体轴的惯性矩、惯性积为常值,不随飞行状态的改变而变化。

2. 作用在旋翼无人机上的力矩

把作用在旋翼无人机上的力矩沿机体的三个坐标轴进行分解,得到三个力矩分量,即俯仰力矩 M_z、偏航力矩 M_y 和滚转力矩 M_x,如图 5-1 所示。

(1)俯仰力矩

俯仰力矩的作用是使无人机绕横轴做抬头或低头的转动。

(2)偏航力矩

偏航力矩的作用是使无人机绕立轴做旋转运动。

(3)滚转力矩

滚转力矩的作用是使无人机绕纵轴做滚转运动。

5.1.2 旋翼无人机的自动倾斜器和电动操纵系统

1. 旋翼无人机的自动倾斜器

旋翼是旋翼无人机最重要的操纵面,由自动驾驶仪操纵指令控制旋翼拉力的大小和方向,实现对旋翼无人机的主要飞行操纵。除了多旋翼无人机以外,常规形式的旋翼无人机采用自动倾斜器来改变旋翼桨叶的桨距。自动倾斜器的结构如图 5-2 所示。

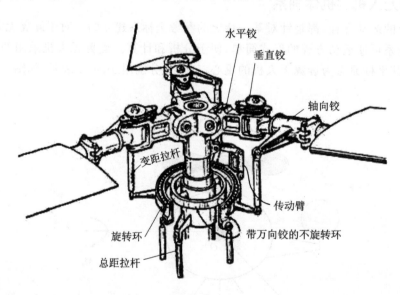

图 5-2 自动倾斜器结构示意图

自动倾斜器的旋转环跟桨叶同步旋转,并有变距拉杆分别与每片桨叶相连。不旋转环与总距杆相连,并带动旋转环一同旋转或沿旋翼轴上下滑动。自动驾驶仪操纵总距杆使自动倾斜器整体上下移动,即同时同等地改变各片桨叶的桨距,以控制旋翼拉力的大小;周期变距杆与不旋转环相连,自动驾驶仪操纵变距杆向任何方向偏转,则带动旋转环倾斜,实现桨叶的

自动倾斜器的
工作原理

周期变距,从而控制旋翼拉力的倾斜方向。

2. 旋翼无人机的电动操作系统

在操作系统方面,旋翼无人机一般采用电动操作系统,即旋翼无人机上的舵系统。它是一个典型的机电一体化伺服机构系统,受到无人机上自动驾驶仪指令的控制,主要包括舵机的位置、速度、电流环控制回路和起功率放大作用的驱动器,以及配合好的电机和减速器;由减速器的输出通过变距杆来操纵旋翼的桨距,进而达到控制旋翼无人机飞行的目的。

5.1.3　旋翼无人机飞行中所受的外力

旋翼无人机在飞行中受到许多外力的综合作用,包括空气动力和重力,以及当旋翼无人机有加速度或角加速度时,还有惯性力。其中质量力(重力 G 和惯性力)的合力作用在旋翼无人机的重心上,空气动力则作用于各个气动面上。本节以单旋翼带尾桨式无人机为例,说明旋翼无人机上的外力及其作用。

1. 旋翼无人机的重力

旋翼无人机各部件、油料、货物等重力的合力就是重力 W。旋翼无人机重力的着力点叫作重心,如图 5-3 所示。

重心位置随着载重的增减、燃料的消耗等而改变。在旋翼无人机重心前(后)增加重量时,重心位置就会向前(后)移动。外挂物资时,重心位置向下移动。但是,只要旋翼无人机载重的数量和位置不变,无论旋翼无人机姿态怎样变化,重心位置总是不变的。

2. 旋翼无人机的旋翼力

旋翼无人机的旋翼力是旋翼桨叶和桨毂上的空气动力与离心力的合成。

图 5-3　旋翼无人机的重心

(1) 拉　力

拉力沿旋翼旋转轴向上为正,是各片桨叶的升力在旋转轴上的投影的合成。

(2) 后向力

后向力在桨毂旋转面内指向旋翼无人机的正后方。后向力来自桨尖平面的后倒、前行桨叶与后退桨叶的翼型阻力之差,以及旋翼纵向挥舞与旋翼入流相结合所造成的剖面升力倾斜。

(3) 侧向力

侧向力在桨毂旋转面内指向方位角 90°方向。侧向力来自桨尖平面的倾斜以及旋翼横向挥舞与旋翼入流相结合所造成的剖面升力倾斜。

(4) 反扭矩

反扭矩与旋翼旋转方向相反,由旋翼的旋转阻力(包括型阻和诱导阻力)形成。反扭矩力图使旋翼无人机机体相对于旋翼反方向旋转,因此须由尾桨拉力对重心的力矩与之平衡才能保持旋翼无人机的方向。当二者不平衡时,旋翼无人机改变方向。

（5）桨毂力矩

桨毂力矩是指对于挥舞铰不在旋转中心的旋翼,且由桨叶离心力引起的与挥舞铰有关的力矩,与挥舞铰偏置量成正比。桨毂力矩主要包括附加的俯仰力矩和附加的滚转力矩。

3. 旋翼无人机其他部件的空气动力

（1）尾桨拉力和反扭矩

尾桨的空气动力与旋翼类似,其中拉力对旋翼无人机的航向配平和操纵起决定性作用,对侧倾姿态和侧向配平也有重要影响。尾桨反扭矩来自尾桨的旋转阻力,构成旋翼无人机的俯仰力矩的一部分。尾桨的其他因素,如后向力、侧向力等,因量值小,对旋翼无人机配平影响不大,一般忽略不计。

（2）机身空气动力

旋翼无人机机身形状比较复杂,一般把机身的空气动力合称为作用于旋翼无人机重心的六力素。其中升力、阻力分别垂直于和平行于相对气流方向,侧向力垂直于升力及阻力;机身气动力矩的 3 个力矩分量是俯仰力矩、滚转力矩和偏航力矩。机身的空气动力是不可操纵的,但对于旋翼无人机的配平和稳定性有影响。

（3）平尾升力和阻力

平尾升力垂直于平尾处的相对来流,阻力平行于相对来流。平尾自身对重心的力矩很小,一般忽略不计。平尾的升力对旋翼无人机的配平俯仰姿态和俯仰稳定性起重要作用。

（4）垂尾升力和阻力

垂尾升力是旋翼无人机的侧向力,对航向配平和航向稳定性起重要作用。有时把垂尾作为机身的一部分,其空气动力不单独列出。

5.2　旋翼无人机的平衡

当物体处于静止或者匀速直线运动时,称物体处于平衡状态。一般情况下,平衡状态指静止状态,对于飞行的旋翼无人机而言,平衡状态指匀速直线运动状态。在该状态下,旋翼无人机承受的所有外力之和为零,同时所承受的所有外力矩之和也为零。本节主要以无人直升机为例来分析旋翼无人机的飞行平衡问题。

无人直升机能否自动保持平衡状态,属于安定性问题;如何改变其原有的平衡状态,则属于操纵性问题。可见,研究无人直升机的平衡,是分析无人直升机安定性和操纵性的基础。

无人直升机的平衡,包括作用力平衡和力矩平衡两个方面。无人直升机在飞行中,重心移动速度的变化,直接与作用于无人直升机的各力有关;绕重心转动角速度的变化,则直接与作用于无人直升机的各力矩有关。无人直升机的平衡主要包括俯仰平衡、方向平衡和横向平衡。

5.2.1　无人直升机的俯仰平衡

无人直升机的俯仰平衡,是指作用于直升机的各俯仰力矩之和为零,即 $\sum M_z = 0$。无人直升机取得俯仰平衡后,不绕横轴转动。

1. 无人直升机的俯仰力矩

作用于单旋翼带尾桨式的无人直升机的俯仰力矩较多,有旋翼俯仰力矩、水平安定面力矩、机身力矩和尾桨的反作用力矩等。其中,因尾桨反作用力矩一般对俯仰平衡影响较小,可以略去。

(1) 旋翼俯仰力矩

旋翼产生的俯仰力矩,就是旋翼拉力(T)绕无人直升机重心所构成的俯仰力矩,用 $M_{z旋翼}$ 来表示,如图 5-4 所示。

$$M_{z旋翼} = Tl_T$$

式中 l_T 为旋翼拉力作用线至无人直升机重心的距离,即旋翼拉力的力臂。

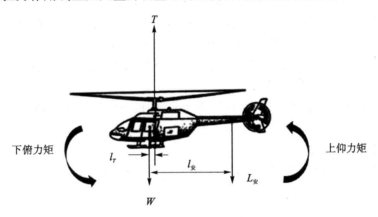

图 5-4　俯仰平衡示意图

无人直升机的重心一般都处于旋翼拉力作用线之前,这样旋翼拉力对重心就形成下俯力矩。旋翼的拉力越大,或者旋翼拉力作用线至重心的距离越远,则旋翼拉力对重心形成的下俯力矩越大。如果重心位于旋翼拉力作用线之后,则旋翼拉力对重心形成上仰力矩。

直升机的重心一般都处于旋翼拉力作用线之前,旋翼拉力对重心形成下俯力矩。旋翼的拉力越大,或者旋翼拉力作用线至重心的距离($l_{T力臂}$)越远,则旋翼拉力对重心形成的下俯力矩越大。如果重心位于旋翼拉力作用线之后,则旋翼拉力对重心形成上仰力矩。

(2) 水平安定面力矩

水平安定面力矩,是指水平安定面升力($L_安$ 如图 5-4 所示)对无人直升机重心所形成的力矩,用 $M_{z安}$ 表示。

$$M_{z安} = L_安 \cdot l_安$$

式中 $l_安$ 为水平安定面升力至无人直升机重心的距离,即水平安定面拉力的力臂。

由于水平安定面通常有负的安装角或翼型向下弯曲,所以在正常飞行条件下,水平安定面产生向下的升力($L_安$),该升力对重心形成上仰力矩。

(3) 机身力矩

机身力矩($M_{z机身}$)的大小和方向与机身的形状和飞行状态有关。一般来说,在悬停和小速度飞行时,为上仰力矩;在大速度飞行时,为下俯力矩。

2. 保持俯仰平衡的条件

根据俯仰平衡条件,当 $M_{z旋翼} + M_{z安} + M_{z机身} = 0$ 或 $M_{上仰} = M_{下俯}$ 时,无人直升机处于俯仰平衡状态;当上仰力矩大于下俯力矩时,无人直升机上仰;反之,无人直升机则下俯。

3. 影响无人直升机俯仰力矩的因素

影响无人直升机俯仰平衡的因素较多,主要有桨距、飞行速度和重心位置。

(1) 改变桨距

改变桨距,当桨叶安装角增大,桨叶迎角随之增大,拉力增大,旋翼俯仰力矩增大;反之,桨叶安装角减小,桨叶迎角减小,拉力减小,旋翼俯仰力矩减小。

(2) 飞行速度

当无人直升机飞行速度增大时,因相对气流不对称性增大,旋翼锥体后倾量将增大,从而改变旋翼俯仰力矩。重心在拉力作用线之前,随着速度增大,旋翼所形成的下俯力矩减小;重心在拉力作用线之后,随着速度增大,旋翼所形成的上仰力矩增大。

无人直升机随着飞行速度的增大,水平安定面的迎角逐渐向临界迎角靠近,$L_{安}$增大,水平安定面所形成的上仰力矩增大。

无人直升机随着前飞速度的增大,机身逐渐前倾,机身前部的阻力增大,当机身阻力作用线通过重心下方时,机身力矩从上仰变成下俯。

(3) 重心位置

无人直升机重心位置前、后移动,主要影响到拉力作用线至重心的距离,从而使 $M_{z旋翼}$ 的大小发生变化,影响直升机的俯仰平衡。

5.2.2 无人直升机的方向平衡

方向平衡,是指作用于旋翼无人机的各偏转力矩之和为零,即 $\sum M_y = 0$ 或 $M_{y左} = M_{y右}$,旋翼无人机取得方向平衡后,不绕立轴转动或只做等速转动。

1. 无人直升机的偏转力矩

单旋翼带尾桨无人直升机,偏转力矩主要是旋翼的反作用力矩和尾桨拉力形成的偏转力矩。

(1) 旋翼的反作用力矩

发动机带动旋翼旋转,旋翼不断地拨动空气,给空气以作用力矩,空气必以大小相同、方向相反的力矩作用于旋翼上,这个力矩就是旋翼的反作用力矩。旋翼的反作用力矩传送到机身上,就会使直升机向旋翼旋转的相反方向偏转,如图 5-5 所示。

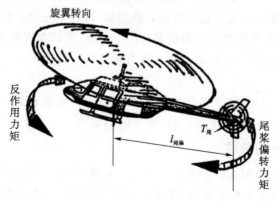

图 5-5　方向平衡示意图

旋翼的反作用力矩取决于旋翼旋转所需功率和旋翼转速,可用下式表示为

$$M_K = 716.2 \frac{N_需}{n}$$

式中:M_K——旋翼的反作用力矩(kg·m);

　　$N_需$——旋翼所需功率(hp);

　　n——旋翼转速(r/min)。

旋翼所需功率由发动机的功率提供,因此,在旋翼转速一定时,旋翼反作用力矩的大小与发动机输送给旋翼的功率有关。发动机带动旋翼旋转所消耗的功率越大,旋翼的反作用力矩越大。

(3) 尾桨偏转力矩

尾桨所产生的拉力($T_尾$)对无人直升机重心所形成的力矩称为尾桨偏转力矩($M_{T尾}$)。可用下式表示:

$$M_{T尾} = T_尾 \cdot l_{尾偏}$$

可见,尾桨拉力越大,尾桨偏转力矩越大。飞行中,可通过改变尾桨的桨叶安装角来调整尾桨拉力的大小。尾桨桨叶安装角增大,尾桨拉力($T_尾$)增大;安装角减小,尾桨拉力减小,从而改变尾桨的偏转力矩。

2. 保持方向平衡的条件

当无人直升机的旋翼反作用力矩等于尾桨偏转力矩,即 $M_{T尾} = M_K$ 时,就取得方向平衡。

5.2.3　无人直升机的横向平衡

无人直升机的横向平衡,是指作用于无人直升机的各滚转力矩之和为零,即 $\sum M_x = 0$ 或 $M_{x左} = M_{x右}$,直升机取得横向平衡后,不绕纵轴转动。

1. 无人直升机的滚转力矩

(1) 尾桨拉力所产生的滚转力矩

对于尾桨旋转轴高于(或低于)重心位置的直升飞机来说,尾桨拉力对重心除产生偏转力矩外,还会产生绕纵轴的滚转力矩($M_{x尾}$),如图 5-6 所示。尾桨拉力产生的滚转力矩可用下式表示:

$$M_{x尾} = T_尾 \cdot l_尾$$

式中 $l_尾$ 为尾桨拉力至纵轴的距离(m)。

(2) 旋翼锥体倾斜产生的滚转力矩

操纵无人直升机使旋翼锥体倾斜,由于旋翼拉力与锥体轴方向一致,所以,在锥体倾斜时,拉力也随之倾斜,如图 5-6 所示。将拉力 T 分解为铅垂面内的分力 T_1 和水平面内的分力 T_2,它们对纵轴都会形成滚转力矩。当锥体左倾,T_1 对纵轴形成右滚转力矩,T_2 对纵轴会形成左滚转力矩;反之,锥体右倾,T_1 对纵轴形成左滚转力矩,T_2 对纵轴形成右滚转力矩。锥体倾斜所形成的滚转力矩,可用下式表示:

$$M_{x锥体} = T_2 \cdot l_2 - T_1 \cdot l_1$$

式中:l_2——旋翼拉力分力 T_2 至纵轴的距离(m);

　　l_1——旋翼拉力分力 T_1 至纵轴的距离(m)。

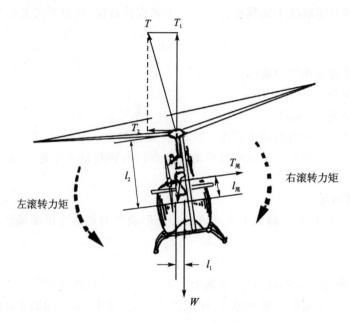

图 5 - 6　横向平衡示意图

2. 保持横向平衡的条件

只要左滚转力矩等于右滚转力矩,直升机就取得了横向平衡,即 $M_{x左}=M_{x右}$。

5.3　旋翼无人机的安定性

旋翼无人机的安定是在平衡的前提下定义的。正如固定翼无人机的情况一样,安定性也是旋翼无人机的一种运动属性,通常是指旋翼无人机保持固有运动状态或抵制外界扰动的能力。本节以无人直升机为例来分析旋翼无人机的安定性问题。

无人直升机在飞行中受微小扰动偏离了原来平衡状态,在扰动消失后,不经人为操纵,能自动恢复到原来的平衡状态的特性,称为无人直升机的安定性。

无人直升机不但能前飞,还可悬停和后飞,因此,无人直升机的安定性随着飞行状态的不同而有所区别。

5.3.1　无人直升机在前飞中的安定性

1. 俯仰安定性

飞行中无人直升机受扰动而偏离俯仰平衡状态,当扰动消失后,能自动恢复到原来的俯仰平衡状态的特性,称为俯仰安定性。

(1) 俯仰安定力矩的产生

无人直升机的俯仰安定力矩,主要是由水平安定面产生的。当无人直升机受到气流扰动而机头上仰时,机身迎角增大,水平安定面的迎角也增大。在相对气流的作用下,水平安定面产生一个向上的附加升力($\Delta L_安$),对重心形成安定力矩,使机头下俯而趋于恢复到原来的迎角,如图 5 - 7 所示。如果无人直升机受扰动后机身迎角减小,水平安定面的迎角也减小,那么此时安定面上产生一个向下的附加升力（$\Delta L_{安}$），对重心形成安定力矩，使机头上仰而趋于恢复到原来的迎角。

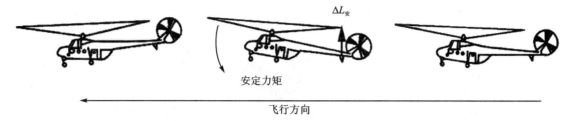

图 5-7　俯仰安定力矩的产生

（2）俯仰阻尼力矩的产生

在无人直升机俯仰转动的过程中，阻尼力矩由旋翼产生，如图 5-8 所示。比如机头开始上仰的瞬间，由于旋转中的旋翼具有定轴性，旋翼锥体仍力图保持原来的方向，使旋翼锥体轴线相对于重心后移，旋翼拉力作用线相对于重心位置的力臂增长，从而产生阻止机头上仰的阻尼力矩。同理，机头下俯时，由于旋翼定轴性的作用，会使旋翼拉力对重心形成阻止机头下俯的阻尼力矩。

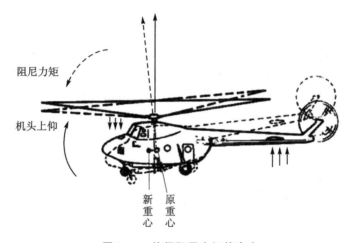

图 5-8　俯仰阻尼力矩的产生

在俯仰转动中，除了旋翼能产生阻尼力矩外，水平安定面、机身等也能产生阻尼力矩。在俯仰安定力矩和俯仰阻尼力矩共同作用下，无人直升机有可能恢复到原来的俯仰平衡状态。

2. 方向安定性

无人直升机在飞行中受到扰动偏离了方向平衡状态，当扰动消失后，能自动恢复到原来的方向平衡状态的特性，称为方向安定性。

单旋翼带尾桨无人直升机的方向安定力矩主要由尾桨产生，如图 5-9 所示。在前飞中，受扰动后机头左偏，无人直升机仍按原来方向运动而出现右侧滑，这时相对气流从无人直升机右前方吹来，与尾桨旋转面垂直的气流分速度（V_n），使尾桨的桨叶迎角减小，产生向左的附加拉力（$\Delta T_{尾}$）。此力对重心形成方向安定力矩，力图使机头向右偏转，消除侧滑。同理，外界扰动使无人直升机出现左侧滑时，垂直于尾桨旋转面的气流分速度，使尾桨桨叶迎角增大，产生向右的附加拉力($\Delta T_{\text{尾}}$),对重心形成方向安定力矩,力图使机头左偏,消除侧滑。

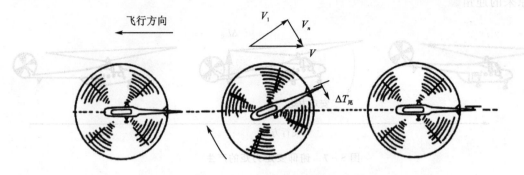

图 5-9 尾桨产生的方向安定力矩

至于在后退飞行或顺风悬停中,由于相对气流与前飞中方向相反,尾桨的作用是不安定的,所以对此飞行状态要受到一定限制。

3. 横向安定性

无人直升机在飞行中受扰动偏离横向平衡状态,当扰动消失后,能自动恢复到原来的横向平衡状态的特性,称为横向安定性。

无人直升机的横向安定力矩主要由旋翼和尾桨产生。当横向平衡因受到扰动被破坏后,如果滚转形成右坡度,如图 5-10 所示,这时,在旋翼拉力 T 和直升机重力 W 的合力 F 的作用下,会使无人直升机出现右侧滑。由于右侧滑形成的侧向相对气流,将使旋翼锥体及拉力 T 相对于机身向左倾斜,于是对重心形成使无人直升机向左滚转的安定力矩。

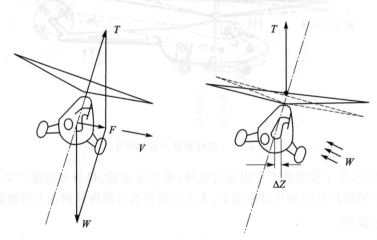

图 5-10 无人直升机横向安定力矩的形成

对尾桨来说,在直升机右侧滑时,侧向相对气流将使尾桨的桨叶迎角增大,拉力增加,也会形成使直升机向左滚转的安定力矩。

另外,由于直升机的构造和运动特点,与固定翼无人机相比,其横向安定性、方向安定性和俯仰安定性较差,悬停状态的安定性更差。

5.3.2　无人直升机在悬停中的安定性

在悬停中,由于无人直升机的飞行速度为零,使水平安定面和尾桨在此情况下,都失去了产生安定力矩的条件,因此无人直升机的俯仰、方向和横向都是不安定的。

这里需要说明的是,虽然无人直升机在悬停中是不安定,摆动的幅度随时间而扩大,但在设计上已作了考虑,保证摆动幅度增大不致过快。一般来讲,摆动幅度每增加一倍,需要经过几秒到十几秒的时间,这就保证了操作员有足够的时间进行修正。

总之,无人直升机的安定性比较差,特别是在悬停状态中,安定性更差,甚至出现不安定;加上各种扰动因素每时每刻都在破坏直升机的平衡。所以,操作员必须及时、准确地实施操作。

5.4　旋翼无人机的操纵性

旋翼无人机的操纵性和安定性是两个不同的概念,安定性是旋翼无人机的一种运动属性,是指旋翼无人机保持固有运动状态或抵制外界扰动的能力;操纵性是指自动驾驶仪通过伺服机构对旋翼无人机施加力和力矩,以保持旋翼无人机在有阵风的空气中保持定常飞行状态,或者完成所规定的机动飞行能力。

5.4.1　旋翼无人机操纵性的基本概念

1. 旋翼无人机操纵性的定义

操纵性是研究旋翼无人机在自动驾驶仪操纵后的飞行状态改变的动态过程。该过程是非定常过程,其运动特性随时间呈不规则的随机性变化。旋翼无人机操纵特性与操纵输入量有关,该操纵输入控制着旋翼无人机从一种飞行状态过渡到另一种飞行状态。旋翼无人机的操纵性可以用操纵功效和操纵灵敏度来衡量。

(1) 操纵功效

操纵功效是指为了从定常配平飞行状态做机动或者为了补偿大的突风扰动,自动驾驶仪可以利用的总的力或者力矩。

(2) 操纵灵敏度

操纵灵敏度是指单位操纵运动所产生的飞行器加速度或者定常速度。在确定操纵的精确度时,灵敏度有重要的意义。

2. 旋翼无人机操纵方式简述

旋翼无人机的纵向和横向操纵力矩是由自动驾驶仪通过伺服机构改变自动倾斜器的倾斜角来实现的;航向操纵力矩则是由自动驾驶仪通过伺服机构改变尾桨桨距来实现的。旋翼无人机的操纵功效较大,则旋翼无人机重心就有较宽的变化范围,或者可以减小自动倾斜器的操纵倾角。当旋翼以及尾桨离旋翼无人机重心的垂直距离较大时,显然操纵功效较大,因此一般采用降低旋翼无人机重心的方法增大操纵功效。此外,适当增大桨叶挥舞铰离桨毂中心的外伸量也可以增大操纵功效,显然无铰旋翼的操纵功效较大。

3. 旋翼无人机飞行操纵的特点

① 旋翼无人机具有六个运动自由度,即沿 x、y、z 三个坐标轴方向的移动自由度和绕这

三个坐标轴的转动自由度;但旋翼无人机只有四个直接的飞行操纵力,即旋翼的拉力、后向力、侧向力和尾桨拉力,还有一个操纵是对发动机转速或功率的控制,因此对各自由度的控制并非彼此独立。对于挥舞铰偏置的旋翼,在改变后向力和侧向力的同时,也改变了桨毂力矩。

② 旋翼无人机对操纵的响应存在各轴之间的严重耦合(对扰动的响应也是如此),须由自动驾驶仪或自动增控、增稳系统的修正动作予以消除。

③ 旋翼无人机的升降、俯仰、滚转操纵,皆通过旋翼挥舞这一环节,所以响应滞后较大,而且挥舞惯性抑制了对高频操纵输入的响应,起着过滤器的作用。

通过以上的特点可知,旋翼无人机的飞行品质不如固定翼无人机,所以旋翼无人机飞行动力学的研究更加复杂。

5.4.2　旋翼无人机的操纵方式

1. 单旋翼带尾桨旋翼无人机的操纵方式

无人直升机在空中飞行时具有六个自由度,自动驾驶仪并不能对这六个自由度全部实施单独的或彼此完全独立的控制。但无人直升机一般都配有自动倾斜器,这样自动驾驶仪可以操纵无人直升机实现所需要的任何飞行状态。无人直升机的操纵方式见表5-1。

表5-1　无人直升机的操纵方式

自由度	无人直升机运动	操纵机构	气动操纵面	操纵力
垂直方向	升降	总距伺服机构	旋翼	旋翼的拉力
纵向	俯仰、进退	纵向伺服机构	旋翼	后向力、桨毂附加俯仰力矩
横向	滚转、侧移	横向伺服机构	旋翼	侧向力、桨毂附加滚转力矩
航向	转向	转向伺服机构	尾桨	尾桨拉力

(1) 无人直升机的垂直飞行

通过总距伺服机构同时改变各片桨叶安装角(桨距)的大小,改变旋翼升力的大小,从而实现无人直升机的悬停、垂直上升和垂直下降,如图5-11所示。也就是说,变总距可以实现无人直升机的垂直飞行。

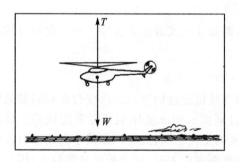
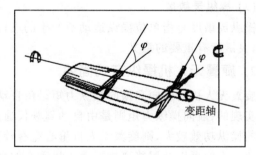

图5-11　无人直升机的垂直飞行

(2) 无人直升机的前飞、后飞及侧飞

前飞、后飞、侧飞是通过调整旋翼桨盘向所需飞行方向倾斜,产生所需方向的水平分力,从而实现该方向的水平飞行,如图5-12所示。也就是说,周期变距可以实现无人直升机的滚转、俯仰、进退和侧移。

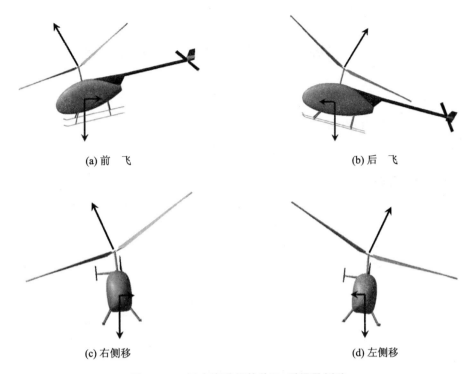

(a) 前　飞　　　　　　　　　　　　　　(b) 后　飞

(c) 右侧移　　　　　　　　　　　　　　(d) 左侧移

图 5 - 12　无人直升机的前飞、后退及侧移

(3) 无人直升机转向

无人直升机主要通过转向伺服机构改变尾桨的安装角(桨距)的大小,改变尾桨拉力的大小,实现转向。

由上可知,旋翼是旋翼无人机最主要的操纵面,纵向、横向和垂直方向的操纵力都由旋翼提供。同时,旋翼又是旋翼无人机的主要升力面,产生使旋翼无人机飞行最主要的空气动力。因此旋翼系统在旋翼无人机上处于重要地位,但是也有不良特征,如操纵耦合。比如在改变旋翼拉力实现无人直升机垂直运动时,拉力的改变会同时造成旋翼无人机俯仰力矩的变化,引起纵向运动。

显然与固定翼无人机相比,旋翼无人机的操纵特性明显不同。固定翼无人机各运动轴的操纵面彼此独立,升降舵提供俯仰力矩,方向舵产生偏航力矩,副翼差动使无人机滚转,螺旋桨拉力使无人机前进,它们各司其职互不干扰,而且固定翼无人机的机翼(主要升力面)不参与操纵。这些优点使固定翼无人机的操纵特性远优于旋翼无人机。

2. 多旋翼无人机的操纵方式

多旋翼无人机没有自动倾斜器,为了克服旋翼旋转产生的反作用力矩问题,多旋翼无人机运用多个旋翼按照不同方向转动来克服彼此的反扭矩,使总扭矩为零。

多旋翼无人机的操纵方式请参考 4.4 节的内容,这里不再赘述。

四旋翼无人机是通过协调改变各旋翼升力的大小来实现姿态控制的,因此需要对电机转速进行精准控制。但因四旋翼无人机的旋翼桨叶只能产生向上的升力,不能产生向下的推力,所以是不稳定的,很难控制好,无人机翻转过来之后基本没办法控制回来,导致坠机。历史经验证明,四旋翼无人机的非线性、欠驱动系统结构由操作手来控制难度较高,只能用自动控制器来控制飞行姿态才能更好地解决问题。

5.5 旋翼无人机的起飞与着陆性能

本节主要以无人直升机为例来分析旋翼无人机的起飞与着陆性能。

5.5.1 无人直升机的起飞

无人直升机从开始增大旋翼拉力到离开地面,并增速和爬升到一定高度的过程称为起飞。

1. 有地效垂直起飞

无人直升机从垂直离地到1~3 m高度上悬停,然后保持一定的状态沿预定轨迹增速,并爬升到一定高度的过程,称为有地效垂直起飞,如图5-13所示。

图5-13 有地效垂直起飞

做垂直起飞时,总距伺服机构提拉总距,使旋翼产生的拉力大于无人直升机的重量,无人直升机垂直离地。在起飞过程中,主要保持方向平衡及稳定性。

2. 无地效垂直起飞

无地效垂直起飞是指无人直升机在无地面效应的高度上悬停和增速爬升。这种起飞方法适合于在周围有一定高度的障碍物的小场地上使用。由于无地面效应,无人直升机起飞的有效载重量减小。此种起飞方法的操纵原理与正常垂直起飞相似,但要求操作动作准确、柔和。在超越障碍物时,应高出障碍物足够的高度,防止碰撞,以保证安全起飞。

3. 影响起飞重量的因素

(1) 机场标高和空气温度

起飞场地的标高较高、气温较高,则空气密度小,发动机功率降低,同时,单位时间内流过旋翼的空气质量减小,旋翼效能降低。因此,起飞最大载重量要减小。

(2) 风速和风向

逆风起飞,旋翼相对气流速度增大,单位时间内流过旋翼的空气质量增加,旋翼产生的拉力大,则起飞载重量增大;顺风起飞,为了避免尾桨打地,悬停高度较高,地面效应减弱,所以载重量将减小。

顺侧风或逆侧风起飞,为了保持直升机的平衡和运动轨迹,需要向风来的方向压杆,因而会对起飞载重量产生不同程度的影响,同时,操纵动作也变得更加复杂。因此,载重起飞要在逆风中进行。

影响起飞载重量的因素还有地面效应、场地面积、周围障碍物高度、发动机和旋翼的维护质量、操作员的操纵熟练程度等。起飞前,要综合考虑上述因素,并根据具体情况认真计算起飞载重量,做到心中有数,确保顺利完成起飞。

5.5.2 无人直升机的着陆

无人直升机从一定高度下滑、减速并降落于地面直到停止的过程称为着陆。下面主要分析无人直升机有地效垂直着陆和滑跑着陆的操纵原理及下滑减速的操纵规律。

1. 下滑消速

无人直升机向预定地点降落,要经过下滑减速过程,通过下滑降低高度,通过消速减小速度。无人直升机一边下降高度一边减小速度的过程称为下滑消速。

无人直升机的下滑消速是一个过渡飞行阶段。由于飞行状态的变化,作用于无人直升机上的力和力矩也在不断变化,操纵动作比较复杂。为了便于分析,可把减速过程分为两个阶段。

下滑消速过程如图 5-14 所示。

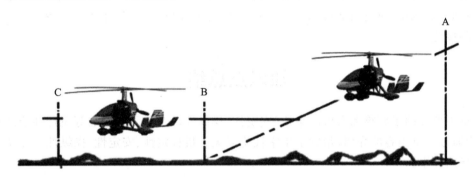

图 5-14 下滑消速过程

地点 A 为减速时机,AB 段要求操作员向后带杆,旋翼锥体后倾,增大无人直升机仰角,使向后的拉力第二分力 (T_2) 增大,此时 $T_2 + X > W_2$,无人直升机减速。在从 A 到 B 的过程中,操作员应根据水平距离、下滑速度、风向、风速等因素,调整带杆、稳杆量。随着速度减小,接近地点 B 时要逐渐向前迎杆。在地点 B 之后的近地飞行中,应逐渐向前推杆和稳杆。接近预定地点 C 时,调整速度使其减小至规定速度(垂直着陆速度为零,滑跑着陆速度按各机型规定)。

在下滑消速过程中,由于前飞速度减小,所需功率增大,操作员要根据高度变化,及时上提总矩杆。在通过 B 处以后的飞行中,因前飞速度仍在继续减小,总矩杆上提量逐渐加大。垂直着陆中,当前飞速度减至零时,对应的总矩杆位置最高。

为保持预定轨迹,整个过程中,舵量随总矩杆操纵而变化。上提总矩杆,要相应增大右舵量,而右舵量增大,又会破坏无人直升机的侧向平衡,因此,随着速度减小,还应不断增大向右的压杆量。

2. 有地效垂直着陆

无人直升机经过下滑、消速,在预定地点上空的地效范围内进行短时间悬停后,再垂直下降接地的着陆方法称为有地效垂直着陆。这种着陆方式的悬停是在地效范围内完成的,因此可以充分利用地面效应,减小所需功率,同时操纵也比较容易。有地效垂直着陆过程如图 5 - 15 所示。

图 5 - 15　有地效垂直着陆过程

　　垂直着陆是在悬停状态下进行的,在整个下降过程中,操作员应把注意力主要放在保持直升机状态上。其操纵原理与垂直下降基本相似,所不同的是,随着高度的降低,由于地面效应影响,下降率要减小,应适当下放总矩杆。在离地 0.5 m 以下,应以不大于 0.25 m/s 的下降速率下降接地。

知识点总结

　　本章主要介绍了旋翼无人机的平衡、安定性、操纵性以及起飞与着陆等飞行性能的相关知识,希望通过本章内容的介绍,帮助学生掌握旋翼无人机稳定性、安定性、操纵性等知识。本章知识点导图如下:

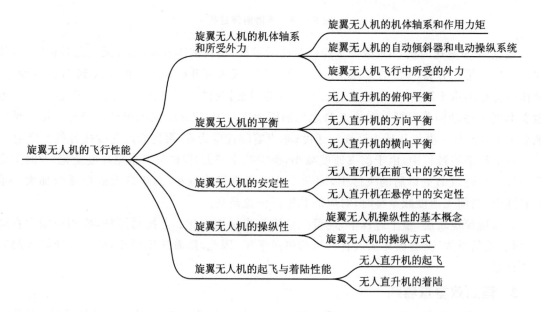

思考题

1. 作用在旋翼无人机上的力矩有哪些?
2. 简述自动倾斜器的结构和工作原理。
3. 旋翼无人机在飞行中受到的外力有哪些?
4. 分析旋翼无人机平飞时的纵向平衡、方向平衡和横向平衡。
5. 旋翼无人机的飞行操纵具有哪些特点?
6. 单旋翼带尾桨式无人机和多旋翼无人机的操纵方式有何不同?
7. 简述六旋翼无人机的飞行操纵方式。

第6章 特殊飞行

无人机在飞行中可能会遇到一些特殊情况,如失速、螺旋、颠簸飞行、低空风切变等。了解这些特殊情况对保证无人机安全飞行具有重大意义。

6.1 失速与螺旋

大载重固定翼无人机的迎角一般都不大,即使在起飞和着陆时使用的迎角较大,也到达不到无人机的临界迎角。因此,大载重固定翼无人机在正常飞行中出现迎角超过临界迎角而失速的情况是很少的。但是,若无人机操纵员操纵错误或无人机遭遇强烈的扰动气流等,有可能使无人机迎角超过临界迎角而造成失速。

无人机失速后,如又受到扰动使机翼自转,无人机就会进入螺旋,会危及飞行安全。因此,操纵员应该清楚地了解无人机的失速性能,这样才能防止无人机进入失速和螺旋。如无人机误进入失速和螺旋,操纵员也能正确及时地改出,以保证飞行安全。

6.1.1 失速状态

1. 无人机失速的产生

失速是指飞机迎角超过其临界迎角,不能保持正常飞行的现象。当无人机迎角超过临界迎角时,气流就不再平滑地流过机翼的上表面,而是产生强烈的气流分离,由于气流分离而使无人机产生气动抖动,同时由于升力的大量丧失和阻力的急剧增大,无人机出现速度迅速降低、高度下降、机头下沉等现象,不能保持正常的飞行,从而进入失速状态。无人机失速的根本原因是无人机的迎角超过其临界迎角。因此,失速可以出现在任何空速、姿态和功率设置下。

失速可以分为带动力失速和无动力失速。带动力失速与起飞离地、爬升状态有关;无动力失速与进近状态有关。失速还可以分为水平失速和转弯失速,这两种失速用来描述无人机开始失速时的飞行姿态。

2. 失速的警告

要想防止无人机进入失速并及时改出失速,首先需要正确判断无人机是否接近或已经失速。这就要求当无人机接近失速时,给操纵员提供一个正确无误的失速警告,唤起操纵员的注意以便及时采取措施,避免无人机进入失速。失速警告分自然失速(气动)警告和人工失速警告。

(1) 自然失速警告

无人机接近临界迎角时,由于机翼上表面气流分离严重,会表现出一些接近失速的征兆,主要表现为无人机舵面效果不明显,有一种操纵失灵的感觉。无人机在大迎角飞行中,出现上述现象时,操纵员应及时地向前推杆减小迎角,防止无人机失速。这是因为无人机接近临界迎角时,机翼上表面的气流产生强烈的分离,产生大量的涡流。气流的这种分离是周期性的,这些涡流时而被吹离机翼,时而又在机翼上产生;机翼表面的气流分离时而严重,时而缓和,使得机翼产生的升力时大时小,整个机翼升力的这种周期性变化促使无人机产生抖动。气流分离产生的大量涡流陆续流过副翼和尾翼,不断地冲击各舵面,造成舵面抖动。

3. 失速速度

无人机刚进入失速时的速度称为失速速度,用 V_s 表示。失速的产生取决于飞机迎角是否超过临界迎角,而在飞行状态一定(载荷因数一定)的情况下,速度与迎角有着一定的关系,当无人机速度接近失速速度时,无人机迎角也接近临界迎角,无人机速度为失速速度时,无人机迎角为临界迎角,因此,可以根据无人机迎角的大小来判断无人机是否接近失速或已经失速。飞行状态不同,载荷因数大小不同,失速速度的大小也不一样。也就是说,不管飞行状态如何,无人机失速速度的大小均应根据载荷因数(n)来确定。

无人机平飞时的失速速度($V_{s平}$)可表示为

$$V_{s平} = \sqrt{\frac{2W}{C_{L,max} \cdot \rho \cdot S}}$$

其他飞行状态下,无人机失速时的升力为

$$L = C_{L,max} \cdot \frac{1}{2}\rho V^2 \cdot S$$

则

$$V_s = \sqrt{\frac{2L}{C_{L,max} \cdot \rho \cdot S}}$$

由载荷因数定义,得

$$L = n_y \cdot W$$

$$V_s = \sqrt{\frac{2L}{C_{L,max} \cdot \rho \cdot S}} = V_{s平} \cdot \sqrt{n_y}$$

式中,n_y 为载荷因数。

由上式可知,无人机重量增加,失速速度增大;放下襟翼等增升装置,无人机的最大升力系数增大,失速速度相应减小;在不同飞行状态下的失速速度是平飞失速速度的 $\sqrt{n_y}$ 倍。无人机在水平转弯或盘旋中,随着坡度的增大,载荷因数增大,对应的失速速度也增大,如图 6-1 所示。

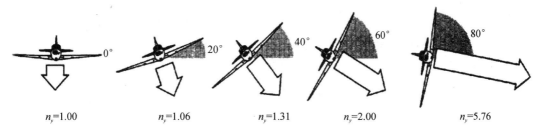

$$n_y=1.00 \qquad n_y=1.06 \qquad n_y=1.31 \qquad n_y=2.00 \qquad n_y=5.76$$

图 6-1　不同坡度盘旋对应的载荷因素

在不同坡度下,盘旋失速速度与平飞失速速度的比值如表 6-1 所列。

4. 改出失速状态

无人机失速时,由于迎角超过临界迎角,因此不论在什么飞行状态,只要判明无人机进入失速状态,就要及时向前推升降舵以减小迎角,当无人机迎角减小到小于临界迎角后,可以柔和地拉升降舵使无人机抬头,改出失速状态。在推杆减小迎角的同时,还应注意控制方向舵,防止无人机产生倾斜而进入螺旋状态,如图 6-2 所示。

表 6-1　盘旋失速速度与平飞失速速度的比值

坡度 $\gamma/(°)$	0	20	40	60	80
载荷因素 n_y	1.00	1.09	1.32	2.00	5.76
盘旋失速速度与平飞失速速度比值	1.00	1.06	1.31	1.97	4.86

图 6-2　固定翼无人机的失速

在推升降舵使无人机下俯减小迎角飞过程中,不能只以无人机俯仰姿态作为无人机是否改出失速的依据。因为向前推升降舵后,机头虽不高,甚至呈下俯状态,但由于无人机运动轨迹向下弯曲,无人机的迎角仍会大于临界迎角。如果此时操控员误以为无人机改出失速,过早地把无人机从不大的俯冲姿态中拉起,无人机势必重新增大迎角,进而陷入二次失速,以致更难改出,甚至无法改出失速状态。因此,掌握好从俯冲中改出的拉杆时机很重要,一方面要防止高度损失过多,速度太大;另一方面要避免改出动作过快,陷入二次失速。

6.1.2　螺旋状态

螺旋是指无人机失速后产生的一种急剧滚转和偏转,伴随滚转和偏转,无人机机头向下,同时绕空中某一垂直轴,沿半径很小和很陡的螺旋线急剧下降的飞行状态。

1. 产生螺旋状态的原因

螺旋是由于无人机超过临界迎角后机翼转起的。在螺旋形成前,一定会出现失速。失速是协调的机动飞行,因为两个机翼失速程度相同或几乎相同,而螺旋则是两个机翼失速导致的不协调的机动飞行。这种情况下,完全失速的机翼常常先于另一个机翼下沉,机头朝机翼较低的一边偏转。

例如,当无人机迎角小于临界迎角而处于正常飞行时,若飞机受一扰动后向右滚转,从无人机的升力系数曲线可以看出,下沉的右翼迎角增大,升力系数也增大;上扬的左翼迎角减小,升力系数也减小,如图 6-3 所示,两翼升力之差对重心构成与滚转方向相反的阻转力矩,阻止飞机滚转,迫使滚转角速度逐渐减慢。

然而,当无人机迎角大于临界迎面处于失速状态时,情况就完全不同了。无人机受扰动向右滚转,下沉右翼的迎角虽然增大,但升力系数却减小;上扬左翼的迎角虽然减小,但升力系数却增大,如图 6-4 所示。这样,两翼升力之差构成的力矩不但不能防止无人机滚转,反而加速飞机滚转,促使滚转角速度增大。这就是说,当迎角超过临界迎角时,只要无人机受一点扰动(如气流、操纵错误等)而获得一个初始角速度,那么无人机就会以更大的滚转角速度绕纵轴自动旋转,这种现象称为机翼自转。

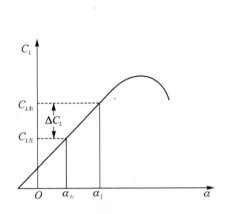

图 6-3　无人机小于临界迎角时,
两侧机翼的升力系数变化

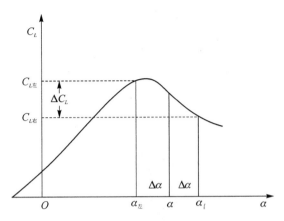

图 6-4　无人机大于临界迎角时,
两侧机翼的升力系数变化

无人机进入自转后,下沉机翼的阻力远大于上扬机翼的阻力,失速后阻力系数随迎角的增大而增大的更显著,两翼阻力之差产生很大的偏转力矩,促使无人机绕立轴向自转方向急剧偏转。无人机自转后,升力降低且方向随着机翼的自转不断倾斜,升力不能平衡飞机重量,飞机迅速下降,运动轨迹由水平方向趋于垂直方向。升力趋于水平,起向心力作用,使飞机在下降中还做小半径的圆周运动,如图 6-5 所示。因此在螺旋中,飞机不仅要绕纵轴旋转,而且还要绕立轴和横轴旋转。这就使飞机形成了一边旋转、一边沿螺旋线轨迹下降的螺旋。

2. 螺旋的阶段

在轻型训练无人机上,完全螺旋由三个阶段组成:初始螺旋、螺旋的形成和螺旋的改出,如图 6-6 所示。初始螺旋是指从无人机失速且开始旋转到螺旋全面形成的阶段。螺旋全面形成是指从一圈到另一圈的旋转中旋转角速度、空速和垂直速度比较稳定,而且飞行路径接近垂直的阶段。螺旋的改出是从施加制止螺旋的力开始,直至从螺旋中改出的阶段。

在轻型无人机上,初始螺旋通常发生时间很短,一般在 4~6 s 范围内,大概由旋转的前两圈组成。大约在半圈时无人机几乎直指地面,但由于倾斜的飞行路径,迎角大于失速迎角,当螺旋接近一圈时,机头恢复朝上,迎角继续增大,随着飞机继续旋转进入第二圈,飞行路径变得更接近于垂直,并且俯仰、滚转和偏转运动开始重复,这是螺旋全面形成的开始。在最后阶段,螺旋的改出始于制止螺旋的力克服延迟螺旋的力,在改出期间,两个机翼的迎角减小到小于临界迎角,且旋转速度变慢,此阶段的范围从四分之一圈到几圈不等。

3. 螺旋的改出

螺旋是无人机失速后机翼自转产生的,因此改出螺旋的关键在于制止机翼自转和改出失速。改出失速只要推杆使迎角小于临界迎角即可。制止机翼自转的有效办法是向螺旋反向打方向舵。通过改变方向舵产生的偏航力矩,可制止飞机的偏转,同时产生内侧滑,使内翼升力大、外翼升力小,可有力地制止飞机的滚转。

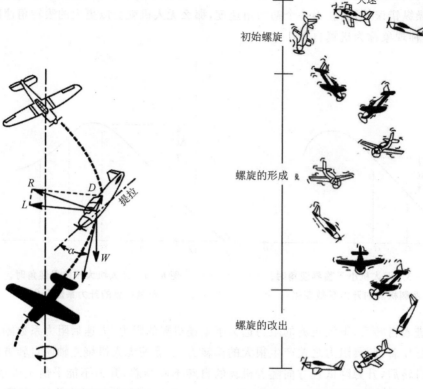

图6-5　螺旋中的作用力　　　　　　　　图6-6　螺旋状态的各阶段

　　因为飞机进入螺旋前一定先失速,所以操纵员应做的第一件事是在螺旋形成前尽量使飞机从失速中改出。若操纵员反应太慢使飞机进入了螺旋,应将油门收到低速状态,升降舵置于中立位置,向旋转的反向打航向舵。当旋转速度减慢时,轻快地推杆减小迎角。当旋转停止时,将方向舵回到中立位置,用足够的力逐渐向后拉杆使飞机从急剧下俯的姿态中改出。在改出时,应避免过大的空速和过载。在拉起的过程中,过多过猛地向后拉杆,使用方向舵和副翼都可能造成二次失速和再次螺旋。在全面形成的螺旋中,有时由于离心力对燃油系统的作用使发动机停车。因此,在螺旋改出时,或许不能立即获得动力。

　　综上,改出螺旋的基本操纵方法是:首先反向打方向舵制止飞机旋转,紧接着迅速向前推升降舵减小迎角,使之小于临界迎角;当飞机停止旋转时,收平两舵,保持飞机不带侧滑,然后在俯冲中达到规定速度时,拉杆改出,恢复正常飞行。

6.2　扰动气流中的飞行

　　扰动气流是指气流的速度大小和方向都不稳定的气流,如图6-7所示。

　　无人机在扰动气流中飞行时,将受到不均匀的空气动力冲击,产生颠簸现象(左右摇晃、前后颠簸、上下抛掷)。颠簸对飞行有很大影响,可造成仪表不准、操纵困难,严重时,甚至会导致

图 6-7　扰动气流示意图

无人机失速,或由于受载过大而使无人机结构损坏,造成事故。因此,了解颠簸对飞行的影响以及飞行中应采取的措施,对于操作员保持安全、正常的飞行是十分重要的。本节主要分析扰动气流中飞行颠簸产生的原因,载荷因数的变化,以及在扰动气流中飞行的特点等。

6.2.1　颠簸的形成

由于各种不同的原因,在大气中存在着空气紊乱流动的现象,大大小小的旋涡和不规则的波动交织在一起,使得大气中某一区域中任一点的空气流动的方向、流动的速度呈现随机的变化。当无人机在这些区域飞行时,会受到方向和强度均有明显变化的阵风,致使作用于无人机上的力和力矩发生不规则的变化,空气动力及其力矩的变化又引起无人机的平衡和载荷因数的变化,就会产生颠簸。

阵风方向在一般情况下是与无人机运动方向不一致的,为方便分析问题,可把无人机在飞行中遇到的各种不同方向的阵风,分解为水平阵风(水平气流)、垂直阵风(升降气流)和侧向阵风。

1. 水平阵风形成的颠簸

无人机在平飞中若遇到速度为 u 的水平阵风,如图 6-8 所示,无人机迎角不变,而相对于无人机的气流速度由原来的 V 增大到 $V+u$,使无人机升力增大。无人机在升力增大的作用下,向上做曲线运动,高度升高,无人机上仰。

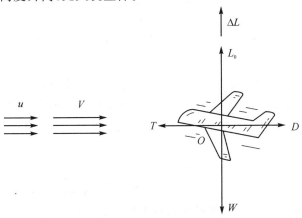

图 6-8　水平阵风引起的升力变化

相反,若水平阵风从无人机后面吹来,相对气流速度减小,无人机升力减小,向下做曲线运动,高度降低,无人机下降。由于阵风使相对气流速度时大时小,升力也就时大时小,无人机就会忽上忽下而形成颠簸。

2. 侧向阵风形成的颠簸

侧向阵风将使无人机产生侧滑。若无人机遇到右侧风,气流相对于无人机从右侧吹来,产生右侧滑。由于无人机有侧向静稳定性,右侧滑角将会产生使无人机向左滚转、向右偏头的力矩,引起无人机摇晃、摆头而破坏平衡,但只有在大迎角时才比较明显,一般情况下可不考虑。

3. 垂直阵风引起的颠簸

无人机以速度 V 平飞,迎角为 α,当遇到速度为 u 的垂直阵风时,如图 6－9(a)所示,这时不仅相对气流速度由 V 增大到 U,且相对气流速度方向发生改变,使迎角由原来的 α 增大到 $\alpha+\Delta\alpha$,如图 6－9(b)所示。由于迎角和相对气流速度都增大,引起无人机升力增大,因此无人机会突然上升。

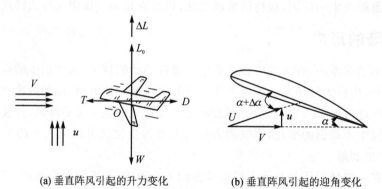

(a) 垂直阵风引起的升力变化　　　　　(b) 垂直阵风引起的迎角变化

图 6－9　垂直阵风引起的升力变化和迎角变化

相反,当无人机平飞时遇到向下的垂直阵风时,相对气流速度虽也增大,但因相对气流速度方向的改变而使无人机迎角减小,由迎角减小所引起的升力减小量远大于由相对气流速度增大所引起的升力增加量,结果无人机升力减小。扰动气流的垂直阵风起伏不定,速度也多变,升力产生时大时小的急剧变化,也就使无人机忽升忽降形成颠簸。若作用在左右机翼上的垂直阵风的方向和大小不一致,无人机会产生摇晃。若垂直阵风冲击无人机的时间短促且频繁,还可能引起无人机局部部位的抖动。

虽然垂直阵风和水平阵风都会引起飞机颠簸,但它们的作用大小不同。在垂直阵风风速和水平阵风风速大小相等的情况下,当无人机的迎角为 $10°$ 时,由垂直阵风引起的升力增量约为水平阵风的 3 倍;当无人机的迎角为 $2°$ 时,由垂直阵风引起的升力增量约为水平阵风的 14 倍。由此可见,垂直阵风对无人机形成的颠簸比水平阵风对无人机形成的颠簸强烈得多,可以说无人机颠簸主要是由扰动气流中的垂直阵风引起的。

6.2.2　颠簸的强度

无人机颠簸强度与无人机大小、机翼载荷、空速和飞行高度都有关系,一般把颠簸分为轻度颠簸、中度颠簸、严重颠簸和极严重颠簸四种类型。各等级中飞行状态的变化及阵风风速如表 6－2 所列。

表 6 – 2　无人机颠簸强度的划分

颠簸强度	飞行状态变化	阵风风速/(m·s^{-1})
轻度(弱)	无人机姿态短暂变动,航向稍微有变动,或者无人机没有明显高度变化或偏航情况下有轻微的震动	1.5~6.1
中度(中)	与颠簸类似,但强度增强,飞行姿态、飞行高度及航向均有变化;或无人机在有显著高度变化、滚转及偏航情况下,出现急剧抛掷或冲击	6.1~10.7
严重(强)	无人机姿态、飞行高度及航向均有变化,引起的指示空速变化大,短时内无人机失去操控	10.7~15.2
极严重(极强)	无人机被急剧、频繁地上抛下掷,事实上已无法被操控,可能造成无人机结构损坏,甚至坠机	>15.2

6.2.3　颠簸对飞行性能的影响

1. 平飞最小速度增大

　　无人机低速飞行中,迎角增大到一定值时,机翼局部剖面上表面附面层气流发生明显分离,会引起无人机抖动。迎角越接近临界迎角时,气流分离越严重,抖动越明显,这种由迎角大小决定的抖动称作低速抖动。无人机高速飞行中,由于机翼上表面产生了局部超声速区和局部激波,使附面层分离,也会引起飞机抖动,这种抖动称作高速抖动。

　　无人机开始抖动的迎角叫作抖动迎角,现代军用大型高亚声速无人机,为保证安全,把抖动迎角作为飞行中最大允许迎角,其所对应的升力系数作为抖动升力系数或最大允许升力系数,抖动迎角平飞所对应的平飞抖动速度就是平飞最小允许速度。若只要求无人机不失速,而允许迎角超过抖动迎角,显然,这时的最大允许迎角就是临界迎角,平飞最小允许速度就是平飞失速速度。

　　在稳定气流中飞行,无人机的平飞最小速度受临界迎角限制。在扰动气流中飞行,无人机若突然遇到上升气流,由于相对气流的方向改变,迎角突然增大,有可能达到抖动迎角或临界迎角。为了使增大后的迎角不大于抖动迎角或临界迎角,在扰动气流中飞行时,使用的最大迎角应比抖动迎角或临界迎角小一些,平飞最小速度也就要相应增大一些,大于平飞抖动或平飞失速速度。扰动气流增强时,引起迎角变化量增大,则平飞允许使用的最大迎角减小、平飞最小允许速度增大。

2. 平飞最大允许速度减小

　　无人机平飞中,遇到不稳定的上升气流,由于迎角增大,外力和载荷因数增大。上升气流速度大,它所引起的迎角变化量大,升力变化量也大,所以载荷因数变化量大;飞行速度大,在相同的上升气流作用下,虽然迎角变化量小,但因相对气流速度大,升力变化量也大,载荷因数变化量也大,因此颠簸飞行中的最大允许速度减小。

3. 正确选择颠簸飞行速度

　　在扰动气流中飞行,平飞最小速度增大,平飞最大速度减小,因而平飞速度范围缩小。升降气流速度越大,平飞速度范围越小,当升降气流速度增大到一定值时,平飞最小允许速度等于平飞最大允许速度,平飞速度范围缩小为0。因此在实际飞行中如遇到强烈颠簸,要及时绕开,或者返航备降。

在扰动气流中,选择平飞最小允许速度与平飞最大允许速度之间的任一速度平飞都是安全可靠的。但是,在该速度范围内,如果选择的速度比较小,当受扰动气流影响时,则迎角变化较大,无人机俯仰摆动和左右摇摆较明显,不利于按仪表保持无人机的状态,如果选择的速度比较大,则受到扰动气流时,载荷因数变化较大,无人机会产生明显的上下颠簸,也会给操纵带来困难。因此,在颠簸飞行中应该严格按照本机型颠簸速度飞行。

4. 无人机进入颠簸区后应采取的措施

操纵员应与空中交通管制人员合作,尽量避开颠簸区,一旦进入,或者必须要穿越急流区,应采取以下方式进行操作。

① 不要做大的机动动作。在颠簸区中飞行时,无人机所承受的载荷等于无人机平飞时的载荷量加上操纵飞机做机动飞行时产生的以及阵风产生的载荷变化量。一般来说,顺簸时对无人机结构造成的损坏,大多数都是由于机动动作过快所产生的载荷量较大,再加上阵风产生的载荷量造成的。因此,为了避免无人机结构的损坏,在颠簸区中飞行时,应该尽可能地减小机动动作,限制急速或者过度转弯。

② 不必严格保持俯仰角。真实飞行中,无人机本身的稳定性会使颠簸引起的载荷量减小。操纵员可以依靠无人机本身的稳定性来恢复迎角,不必过度地干预无人机俯仰姿态的变化,因为操纵员无法预知下一个颠簸所带来的飞机姿态的改变程度,操纵员只须柔和地操纵升降舵,保证无人机处于正常的飞行姿态,当无人机快要回到正常的姿态时,保持升降舵回到中立位置即可,用这样的操纵方法,可以避免过度俯仰或者过度倾斜,减小变化的幅度,产生的机翼载荷量也较小,从而应付颠簸所带来的飞机姿态的改变。

③ 采取适当的飞行速度。在颠簸区中飞行时,飞行速度不能过大或过小。速度过大时,当遇到最大垂直阵风时,载荷因数变化量大,可能引起无人机结构损坏;速度过小时,迎角过大,当遇到最大垂直阵风时,迎角再增大就可能超过失速迎角,造成失速。因此,按最大垂直阵风下无人机结构可能承受的最大强度来确定飞行速度的最高限度,按最大垂直阵风下不失速来确定飞行速度的最低限度,然后将颠簸飞行的速度保持在两者之间。这样,既可防止结构的损坏,又可防止失速。

6.3 低空风切变

无人机在日常飞行活动中,影响飞行安全的因素很多,而其中的低空风切变对无人机的低空状态安全的影响尤为重要。所谓风切变是指风向和风速在空中水平或垂直距离上发生明显变化的状况,是一种大气现象。国际航空界公认低空风切变是飞行器起飞和着陆阶段的一个重要危险因素,容易造成严重事故,被人们称为"无形杀手"。

一般无人机都逆风起降,因为逆风能获得较大的升力和阻力,缩短滑跑距离,从而增强无人机运动开始时的稳定性和操纵性。着陆时逆风便于修改航向,对准跑道,减小对地的冲击力。侧风不能过大,否则无法起降。航线飞行、逆风飞行可增加载重量,但要消耗较多的燃料;顺风飞行需要减小载重量,但可节省燃料,并能增大航程和速度,缩短时间。最易造成飞行事故的是风切变,其对无人机起降安全的影响据统计占航空事故的20%左右。

风切变的特征是诱因复杂、来得突然、时间短、范围小、强度大、易变化等,从而带来了探测难、预报难、航管难、飞行难等系列困难,是一个不易解决的航空气象难题。

本节主要介绍低空风切变的定义以及表现形式,讨论低空风切变对起飞上升和着陆下降的影响及如何避免低空风切变。

1. 风切变的定义

风切变是指空间两点之间风的矢量差,即在同一高度或不同高度短距离内风向和风速的变化。在任何高度上都可能产生风切变,对飞行威胁最大的是低空风切变,即发生在 600 m 高度以下的平均风矢量在空间两点之间的差值。

风切变与无人机的起落飞行密切相关,风切变会使无人机受突然的上升气流和下降气流影响,以及会造成无人机水平运动的突然改变。风切变包括以下三种类型:

① 水平风的垂直切变,指水平风在垂直方向上,一定距离内两点之间的水平风速和风向的改变。

② 水平风的水平切变,指在水平风水平方向上两点之间的水平风向和风速的改变。

③ 垂直风切变,指上升或下降气流(垂直风)在水平方向上两点之间的改变。

2. 低空风切变的表现形式

低空风切变的形式很多,有时以单一形式出现,但往往是多种形式同时出现,而以其中一种为主,一般形式有以下四种。

(1) 顺风切变

顺风切变是指无人机从小的顺风区域进入大的顺风区域,或从逆风区域进入无风或顺风区域,及从大的逆风区域进入小的逆风区域等几种情况,它会使无人机空速迅速减小,升力下降,无人机不能保持高度而下降,导致无法正常起飞或提前降落,是一种比较危险的风切变形式。

(2) 逆风切变

逆风切变是指无人机从小的逆风区域进入大的逆风区域或从顺风区域进入无风或逆风区域,以及从大的顺风进入小的顺风区域,该切变与顺风切变对飞机产生的效果相反,它使无人机指示空速增加、升力增大,随即飞机上升,脱离正常的下降线,它比顺风切变的危害要轻点。

(3)侧风切变

侧风切变是指无人机从一种侧风或无侧风状态进入另一种明显不同的状态,分为左侧风切变和右侧风切变,它使无人机发生偏航、侧滑、滚转等现象。

(4) 垂直风切变

垂直风切变是指无人机从无明显升降气流区进入强烈升降气流区的情形,特别是强烈的下击暴流,具有猝发性,使无人机突然下降,从而降低高度,对飞行危害最大,如图 6-10 所示。

3. 风切变对飞行的影响

对无人机起飞和着陆安全威胁最大的是低空风切变,顺风风切变会使空速减小,逆风风切变会使空速增加,侧风风切变会使无人机产生侧滑和倾斜,垂直风切变会使无人机迎角变化。而低空风切变又以下冲气流危害性最大。

下冲气流是以垂直风切变为主要特征的综合风切变区,微下冲气流存在一个有限的区域内,并且与地面撞击后转向与地面平行而变成水平风,风向以撞击点为圆心四面发散,所以在一个更大一些的区域内,又形成了水平风切变。如果无人机在起飞和降落阶段进入这个区域,

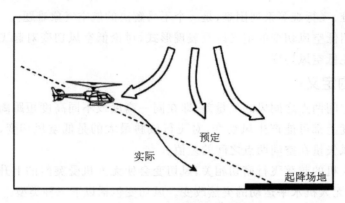

图 6 - 10　垂直风切变

就有可能造成失事。比如,当无人机着陆时,下滑通道正好通过微下冲气流,那么无人机会突然非正常下降,偏离原有的下滑轨迹,有可能高度过低而产生危险。当无人机飞出微下冲气流,进入顺风气流后,无人机与气流的相对速度突然降低,由于无人机在着陆过程中本来就在不断减速,此时速度突然降低可能使无人机的飞行速度小于最小速度,从而进入失速状态,飞行姿态失控。而在如此低的高度和速度下,根本不可能留给操作员空间和时间来恢复控制,从而造成飞行事故,如图 6 - 11 所示。

图 6 - 11　由微下冲气流引发的风切变示意图

　　总地来说,风切变使无人机的升力、阻力过载和飞行轨迹、无人机姿态均发生变化,造成不可忽略的影响。

4. 低空风切变的判断方法及防范措施

(1) 判断方法

1) 目视判断法

① 雷暴冷性外流气流的尘云。雷暴冷性外流气流前缘的强劲气流吹起的尘云随气流移

动,通常紧跟在尘云之后就是强烈的风切变。

②雷暴云体下垂的雨幡。雷暴云体下垂的雨幡有强烈下冲气流的重要征兆,雨幡下垂高度越低、个体形状越大,色泽越暗,预示着风切变下冲气流越强。

③滚轴状云。在冷性雷暴中,强冷性外流气流会有涡旋运动结构,并伴有低空滚轴状云,这种云的出现,预示着强低空风切变的存在。

2) 仪表判断法

①空速表。空速表是无人机遭遇风切变时反应最灵敏的仪表之一,其一旦出现异常情况,就应警惕风切变的危害。

②高度表。高度表指示的正常下滑高度是无人机近着陆的重要数据。在下滑过程中,高度表如果在短时间大幅偏离正常值时,必须立即采取措施复飞。

(2) 防范措施

飞行中遭遇风切变是一个非常棘手的问题,因为能给无人机操纵者做出反应、及时采取措施的时间非常短。为了迅速而准确地做出反应,操纵者应做到以下几点:

①飞行前认真了解天气预报,对风切变可能出现的位置、高度、强度要有心理准备。

②注意收听地面气象报告和别的无人机在起飞、进近过程中的报告,了解风切变的存在及其性质,对自己所驾驶的无人机能否通过风切变进行风险评估,从而做出正确的决断。通常应采取避开、等待、备降等措施。

③加强工作人员协同。复杂天气飞行时,各工作人员分工负责。起飞、进近中各种口令要清晰到位。应不间断地扫视仪表,密切注意有无异常现象,对跑道环境、风向风速、复飞程序等要了解。做到一旦有异常情况就能及时发现,立即采取对策。

④尽量不要尝试穿越严重风切变或强下降气流区域,特别是在山区,低高度时更是如此。

⑤要与雷暴的强下击气流区保持距离。

⑥在最后进近阶段遇到风切变时,只要无法重建稳定着陆剖面,就应立即采取相应的措施,脱离切变区进行复飞或到备降场着陆。

⑦无人机在遭遇并完成脱离风切变后,应立即发出关于风切变报告给飞行管制部门以避免其他无人机误入其中。

6.4　尾　流

固定翼无人机尾后的气流称为尾流,尾流是机翼在产生升力时的一种产物,它是影响固定翼无人机飞行安全的一个重要因素。尾流是湍流的一种形式,当固定翼无人机飞入前面飞机的尾流区域时,会出现下降、抖动、发动机停车及飞行状态改变甚至翻转等现象。随着大型运输机和重型轰炸机大量投入使用,同一机场各型飞机起落日趋频繁,这就有可能出现中、小型固定翼无人机进入大型固定翼无人机尾流并导致事故的问题,也就是习惯上说的"吃气流"问题。

1. 尾流的形成

飞行中,机翼上下表面有压力差,空气要从压力大的下表面绕过翼尖流向压力小的上表面,而形成翼尖涡流;不仅如此,机翼上表面和下表面沿翼展方向也有压力差,上表面中央部分的吸力大,空气要沿翼展向里流动,下表面中央部分的压力大,空气要沿翼展向外流动,上下表面空气流到机翼后缘时,就会卷起涡流(称为后缘涡流)。这些后缘涡流离开后缘和翼尖涡流离开翼尖以后,大约到两三倍翼弦之远,卷成两股涡流索,沿飞行轨迹拖在飞机后面很远很远,如图6-12所示。两股涡流索之间的间隔略小于一个翼展。涡流索好比是一个旋转着的圆锥筒,在涡流索内部,空气绕中心线旋转,两股涡流索旋转方向正好相反,旋转的切线速度(以它来表示涡流强度)可达15～18 m/s。根据C-5A飞机的测定,在其后面2.4 km处,或飞机通过30 s之后,旋转切线速度最大可达3 600 ft/min(18.3 m/s)。这个旋转切线速度,与无人机重量成正比,而与翼展、空气密度和飞行速度成反比。可见,起飞着陆时,由于速度比较小,涡流的强度比较强,这也是起落时,特别是后随无人机的速度比较小时,要防止进入前机尾流的一个原因。

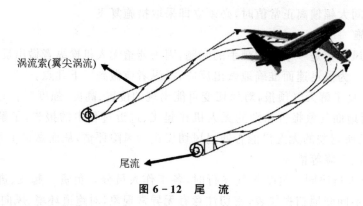

图6-12 尾 流

2. 尾流的向下移动

尾流形成后,两股涡流索由于互相受对方的影响而要等速向下移动。据美国用波音747、C-5A、波音707等运输机所做的飞行试验显示,大型机尾流大约以500 ft/min(2.54 m/s)的速度向下移动。但下降到700 ft(210 m)就趋于水平,如图6-13所示,尚未发现尾流下降900 ft(280 m)以下的情形。

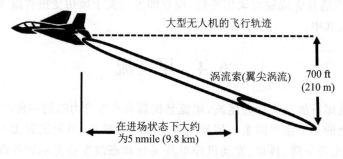

图6-13 尾流的向下移动

3. 地面效应和侧风对尾流的影响

尾流的地面效应和侧风对飞行的安全来讲也是一个重要因素。在无风的条件下,左右两股尾流在接近地面时,受地面阻挡,大约在离地面半个翼展至一个翼展的高度时,尾流就不再下降了。而逐渐变化成为横向移动,并以和尾流下移速度相同的速度分别向外侧横移,相互远离。也就是说,在稳定的大气条件下,两股飞机尾流中心的间距几乎是保持不变的,无人机尾流基本上不发生侧移,如图6-14所示。

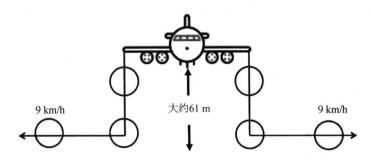

图 6 - 14　无风近地面尾流的移动

在有侧风的条件下,无人机尾流就会随风移动。当无人机尾流在接近地面时,一股尾流会在侧风的影响下减小向外的速度,而另一股无人机尾流会随侧风而加快向外移动的速度。在一定风速下,一股无人机尾流可能会在地面上方不动,与地面之间的相互作用也将会导致其快速衰竭,如图 6 - 15 所示。

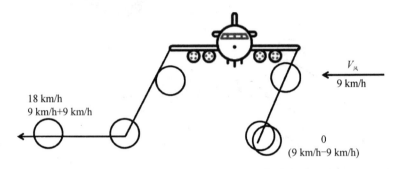

图 6 - 15　有侧风时近地面尾涡的移动

4. 尾流的衰退和消散

涡流索外缘的切线速度很大,带动大气中的静止空气旋转,因而能量不断扩散。在巡航高度上,尾流带动静止空气运动,其能量被卷进下方密度较大的大气之中,而不断消耗,所以向下移动的速度逐渐减慢。此外,大幅度的温度变化和大气波动能导致尾流很快消散。

5. 前机尾流对后机的影响

（1）横穿前机尾涡

横穿前面无人机的尾涡中心时,无人机运动会忽上忽下,出现颠簸,机身会承受很大的正、负载荷,如图 6 - 16 中 A 机所示,当开始进入无人机尾涡时,无人机会受到其尾涡向上速度的影响,从而会被吹起,飞行轨迹则出现向上弯曲。为此,如果操纵者顶杆使飞机发生下俯,此时飞机就有可能正好进入无人机尾涡速度向下移动的区域,飞行轨迹则会变得更加向下弯曲,而使其所能承受的负载荷增大。如果此时操纵者带杆修正,无人机有可能又正进入涡流速度向上移动的地区,而使其承受的正载荷增大,有可能超过最大使用载荷因数,使结构发生损坏。无人机横穿前面飞机尾涡时,如果不是正好穿过了无人机尾涡的中心线,而是在中心线的上方或下方横穿而过,那么,无人机所承受的载荷因数要比经尾涡中心线穿过小得多,这就是当无人机横穿尾涡时很少出现结构损坏而发生飞行安全事故的原因。实际上,当无人机横穿尾涡流时,无人机尾涡的作用像冲击载荷一样,使其出现颠簸现象,但由于颠簸逗留的时间只有十分之一秒到几秒,在此时间间隔内无人机的运动参数还来不及发生变化,所以对无人机的飞行安全构不成很大的威胁。

(2) 从正后方进入前机尾涡

当无人机从前面无人机的正后方进入其尾涡时,会受到无人机尾涡向下移动的影响,而出现上升率降低、下降率增大、颠簸等现象。如果在进场时进入尾涡,若操纵者不注意,在接近地面上空时,无人机会突然降低高度,而此时给操纵者脱离尾涡的时间又很短,就有可能导致事故,如图6-16中B机所示。

(3) 从正后方进入前机的尾涡中心

从前面无人机的正后方进入其尾涡中心,无人机一边的机翼会遭遇上升的气流,另一边的机翼会遭遇下降的气流,两机翼的迎角会相差很大,因此无人机会承受很大的滚动力矩而使其产生急剧带坡度或滚转等现象,如图6-16中C机所示。

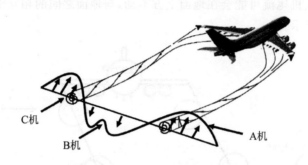

图6-16 进入前机尾流的3种情形

7. 预防进入前机尾流的措施

目前一些国家预防进入前机尾流的措施有:

① 在机场附近进行仪表飞行,距离应保持8 km以上,大型无人机距离也应该保持在4.8 km以上,高度差最少要保持1 000 ft(300 m)。

② 同一机场附近目视飞行,应最少保持2 min的时间间隔(相当于8 km)。

③ 同一空域飞行,应保持8 km的距离,1 000 ft(300 m)高度差。

④ 中、小型无人机应在大型无人机起飞离地点之后3 000 ft(900 m)处开始离地,在大型飞机着陆接地点之前2 500 ft(770 m)处着陆接地。

⑤ 中、小型无人机应当在大型无人机飞行轨迹上方或其下方至少1 000 ft(300 m)以下飞行,并保持在大型无人机飞行轨迹的上方。

知识点总结

本章主要介绍了无人机特殊飞行的相关知识,希望通过本章内容的介绍,帮助学生掌握无人机失速、螺旋、颠簸飞行、低空风切变等知识。本章知识点导图如下:

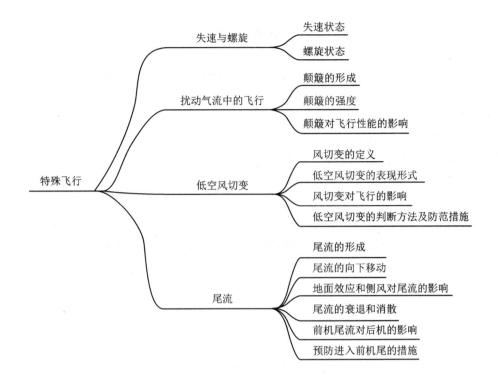

思考题

1. 通常无人机在(　　　)的情况下进入失速。

　　A. 机头较高而空速过大　　　　　　　B. 超过临界迎角

　　C. 仰角太大，重心太前　　　　　　　D. 大迎角盘旋

2. 在(　　　)情况下，要特别注意航空器尾流的影响。

　　A. 逆风　　　B. 顺风　　　C. 静风　　　D. 侧风

3. 无人机的失速是如何产生的？根本原因是什么？无人机进入失速后如何改出？

4. 无人机螺旋的原因是什么？无人机进入螺旋后如何改出？

5. 颠簸是怎么产生的？说明在扰动气流中飞行的主要特点。

6. 低空风切变对无人机起飞、着陆有何影响？如何避免低空风切变的危害？

7. 尾流对飞行有何影响？预防进入前机尾流的措施有哪些？

参考文献

[1] 王洵. 固定翼无人机飞行原理[M]. 成都:西南交通大学出版社,2023.

[2] 全权. 多旋翼飞行器设计与控制[M]. 北京:电子工业出版社,2018.

[3] 邢琳琳. 飞行原理[M]. 北京:北京航空航天大学出版社,2016.

[4] 房余龙. 无人机技术与应用[M]. 江苏:苏州大学出版社,2022.

[5] 奚海蛟. 多旋翼无人机嵌入式飞控开发实战[M]. 北京:电子工业出版社,2023.

[6] 陆元杰. 多旋翼无人机的设计与制作[M]. 北京:电子工业出版社,2020.

[7] 王永虎. 无人机飞行原理[M]. 成都:西南交通大学出版社,2022.

[8] 叶露. 空气动力学飞行原理[M]. 辽宁:大连海事大学出版社,2021.

[9] 冯登超. 无人机组装调试与检修[M]. 北京:化学工业出版社,2022.